いかなる時代環境でも
利益を出す仕組み

大山健太郎

日経ビジネス人文庫

序文 —— 文庫化に寄せて

経営学者　楠木建

僕は競争戦略という分野で、企業が持続的な競争優位を構築する論理について研究しています。さまざまな企業の戦略を観察し、考察するという基本動作をずっと続けていると、まれに痺れるような戦略との出会いがあります。アイリスオーヤマはその一つです。

痺れるほど面白い。僕の30年の研究生活の中でも、ここまで優れた戦略との出会いは滅多にありません。日本発の競争戦略の傑作として、歴史に残るといってよいでしょう。

これまでも僕はたびたび、アイリスオーヤマ会長の大山健太郎さんから競争戦略について教えを乞うてきましたが、新型コロナウイルス騒動の渦中で書かれた本書を読んで、いくつもの発見と再発見がありました。

まずもってタイトルが秀逸です。「いかなる時代環境でも利益を出す仕組み」――ここに競争戦略の本質が詰まっています。

この序文では、本書を「いかなる時代環境でも」「利益を出す」「仕組み」の3つに分解し、それぞれについて僕の感じた「痺れ」を言語化し、お伝えしたいと思います。

長期利益と顧客価値はコインの裏表

第1に「利益を出す」――目標を利益に置いているということです。目標が間違っていれば、戦略には意味がありません。結局のところ、経営は何を極大化するべきなのか。

答えは長期利益――儲けて、儲け続けること――です。長期利益は経営の優劣を示す最上の尺度です。「カネ儲けがすべてだ!」という話ではありません。顧客や従業員、株主、社会、すべてのステークホルダーに対して企業は貢献しなくてはなりません。だからこそ長期利益の追求が何よりも大切となります。

企業活動に対価を支払ってくれるのは顧客です。結局のところ、すべては顧客のためです。ただし、これは極大化すべき目標が長期利益だということと何ら矛盾しません。真っ当な競争があれば（アイリスの事業は常に厳しい競争にさらされています）、長期利益は顧客満足の最もシンプルかつ正直な物差しとなります。その企業がなくなったら、どれだけ困り悲しむ人がいるか――この総量がその企業の提供する独自価値であり、それは確実に利益に反映されます。

長期利益と顧客価値はコインの両面のようなものです。

長期利益を稼いでいれば、投資家が評価し株価も上がる。株主に支払う配当も利益処分の一形態に過ぎません。儲けが出ていなければ分配できません。

経営者が儲かる商売をつくれば、雇用を生みだし、守ることができます。いよいよ日本でも賃上げが重視されるようになりました。労働分配を増やすためには稼げる商売をつくることが先決です。

刹那的な儲けであれば話は違ってきます。客を騙して儲ける、従業員を泣かせて儲けることも可能です。しかし、それでは持ちません。長期利益の実現はすべてのステークホルダーをつなぐ経営の基本線となります。

何よりも、長期利益は社会のためになります。企業による社会貢献の王道は法人所得税の支払いです。社会的目的のために使うことができる原資を創出する。そこに企業の社会貢献の本筋があります。あとはすべてオマケです。

環境の追い風に依存しない

第2のポイントは「いかなる時代環境でも」という言葉にあります。コロナ騒動に突入した頃に大山さんと話をする機会がありました。そのときに大山さんの発した言葉が印象的でした。

「『ピンチはチャンス』という言葉があるが、より正確に言えば『ピンチがチャンス』。本当のチャンスはピンチのときにしかない」――逆境のときこそ企業の地力が露わになります。もっといえば、逆境のときしか戦略の真価は分かりません。本書の表紙カバーに「危機のときに必ず業績が飛躍的に伸びるのはなぜか？」とあります。戦略の実相を鋭く突く問いです。

コロナ騒動の渦中では人々の生活様式は変わり、家にいる時間が長くなりました。そうした中でアイリスが事業領域としていた園芸や収納家具、調理器具、家電の売り上げは伸びました。この時期、アイリスのＥＣサイトの売上は倍増しています。表面的には巣ごもり需要の追い風で伸びているように見えるのですが、それは本質ではありません。それ以前からずっと磨きをかけてきたアイリスの戦略に、風を捉える力があったということがより重要です。

利益の源泉にはいくつかの異なるレベルがあり、持続性が低いものから高いものへと階層をなしています。

レベル1は単純に外部環境の追い風が利益を生んでいるという状態です。例えば「急激な円安が利益を押し上げている」といったケースです。追い風が止まれば元の状態に逆戻りしてしまいます。持続的な競争優位は困難です。

レベル2は、事業立地そのものが利益をもたらしているという状態です。世の中には利益が出やすい構造にある業界もあれば、もともと出にくい構造に置かれている業界もあります。利益が出やすい事業立地を注意深く選び、利益が出にくいような構造にある業界への参入を避ける。この戦略的選択は確かに利益水準を左右します。

アイリスは今も昔も生活用品を主戦場としています。収納家具や家電やお米という事業立地はどうでしょうか。一見して市場は成熟し、競争が厳しい業界ばかり。儲からない要因がそろいまくっています。アイリスの業績が事業立地で説明できないことは明らかです。

レベル1とレベル2の利益の源泉は外部要因に注目するものです。レベル3からいよいよ競争戦略の出番となります。

「ユーザーイン」と「マーケットイン」は似て非なるもの

戦略とは何か。競争戦略の本質は「競合他社との違いをつくること」にあります。ここで強調したいのは、違いには違いがある——他社との違いを考えるときに、2つの異なったタイプに区別して考える——ということです。すなわち、「程度の違い」と「種類の違い」です。

程度の違いには、その違いを指し示す尺度なり物差しがあります。2人の人間の違いでいえば、身長や年齢、足の速さ、視力などの違いがこのグループに入ります。AさんはBさんよりも背が高く足が速い、というように英語の比較級での「ベター」として認識される違いです。

これに対して、男か女かというのは種類の違いです。種類の違いには、それを指し示す連続的な尺度がありません。「私はこの人よりも30％男性である」ということは普通はない。ベターかどうかではなく、ディファレントとして認識される違いです。

なぜこの区別が重要なのか。その理由は、顧客から見てディファレントな存在になることが戦略の一義的な意義だからです。何かの物差しの上でベターであったとしても、それは必ずしも戦略があるということを意味しません。他社とは異なった独自の価値を創造する。ここに戦略の内実があり、レベル3の利益の源泉があります。

なぜ「ベター」は戦略になり得ないか。比較級で違いをつくろうとするとイタチごっこに陥ってしまうからです。他社も遅かれ早かれ、多かれ少なかれ、その物差しの上でベターになろうと努力するはずです。一時的にベターであっても、すぐに追いつかれてしまいます。つまり、違いの賞味期限が短い。刹那的な利益は獲得できても、長期的な競争優位にはなり得ません。

アイリスの独自性は「ユーザーイン」というコンセプトに凝縮されています。「プロダクトアウト」と異なるのはもちろん、一般に言う「マーケットイン」とも似て非なるものです。ここにアイリスの戦略に僕が痺れる最大の理由があります。

「ユーザー」とは文字通りその商品を使う人、エンドユーザーのことです。「マーケット」はユーザーではありません。特定の基準や範囲でのユーザーの集計値に過ぎません。「マーケティング」は文字通りマーケットを相手にしたものです。マーケティングの名のもとにしばしば行われる消費者アンケートからは、マーケット全体の平均値や傾向しか分かりません。誰もが注目する儲かりそうな市場に目を向けることになります。参入企業が相次ぎ、同質的な競争になり、結局のところ儲かりにくくなります。マーケットインでは独自性は生み出せません。

アイリスのユーザーインは異なります。洞察力と想像力を駆使して、特定の生活シーンで一人ひとりのユーザーが確実に「役に立つ」「使い勝手がいい」と実感できるものを創って、作って、売る。そういう生活提案型商品にしか手を出さない。しかし、生活提案型の価値を持つものであれば、カテゴリーや技術に縛られることなく果敢に挑戦する。ユーザーインの商品開発によって新しい需要を刺激し、これまでになかった市場を創造する。結果的にプロダクトアウトならぬ「マーケットアウト」となるのがユーザーインの戦略の妙味です。ユーザーインのコンセプトで一つ一つの商品力に磨きをかけ、長い時間をかけて一歩ずつ事業領域を拡張してきたことが、極端に多品種を手掛ける現在のアイリスを形成しています。

メーカーの営業社員はその本能からしてマーケットインの姿勢になります。直接の顧客は問屋や小売店ですから、営業が流通業者のニーズに反応するのは必然です。しかし、流通(=マーケット)のニーズは必ずしもユーザーのニーズではありません。ここにマーケットインの盲点があります。

ユーザーインを駆動するための「メーカーベンダー」

例えば、多数の製品を扱う問屋は売れるかどうか分からない新製品よりも、安定して売れている製品を扱いたいと思うのが普通です。あるいは、単純に安い方を選ぶかもしれません。目先の儲けが計算できるという意味で問屋にとっては合理的だからです。マーケットインはユーザーインではないどころか、かえってユーザーインのチャンスを殺してしまうことにもなります。

ユーザーインを駆動するために必要になるのが「メーカーベンダー」というアイリスの独特な位置取りです。アイリスはメーカーであると同時に問屋機能まで内部に抱えています。自社のECサイトはもちろん、ホームセンターのような小売業者に対してアイリスは直接商品を納入し、売り場作りや販促まで自ら行っています。

普通のメーカーであれば、工場から出荷した製品がどこにどのように流れているかは分かりません。しかし、メーカーベンダーであればいつどこで何が売れたかが分かります。データの裏付けをもって仮説を立て、商品を企画し、ユーザーからのフィードバックに基づいて改良することが可能になります。

一般に問屋を通さずに直接取引をする動機は中間マージンの排除にあります。しかし、アイリスの一義的な意図はコスト削減ではありません。真のユーザーニーズを流通の都合で歪めたくないからです。店頭活動まで責任を持つことでユーザーニーズへの洞察が磨かれます。

逆向きの因果関係もあります。「問屋を通さない」と「問屋機能を持つ（＝メーカーベンダー）」もまた似て非なるものです。

小売業者はベンダーに品ぞろえを求めます。小売業者にとってアイリスがベンダーでもあるということは、ヒット商品を出すだけでは不十分で、小売店の棚全体をユーザーから見て魅力的なものにしなくてはならないということを意味しています。ベンダーとして小売店に頼りにされて初めて、商品の供給経路とユーザー情報の獲得経路が確保できます。ベンダーとしての競争力に磨きをかけることが、商売がユーザー視点から逸脱することを防ぎ、ユーザーインを強制する規律にもなっています。

一つの、一つだけの商売の基《もと》――独自性の基盤となるユーザーイン――が明確に定まっていて、決してブレない。優れた戦略の最も大切な条件です。

ほぼ完璧な「ストーリーとしての競争戦略」

第3の、最も重要なポイントは「仕組み」です。

考えてみれば、ある企業の競争優位が長期にわたって持続するというのは不思議なことです。儲けるよりも、儲け続ける方が何倍も難しい。なぜならば、競争があるからです。

ある企業が高いパフォーマンスを達成していれば、ごく自然に他社の関心を集めます。好業績の背後にどのような戦略があるのか、誰しも興味を持って注目します。利益ポテンシャルに富んだ市場セグメントや好業績をもたらす戦略ポジションは、すぐに世の中に知れ渡るところとなります。コンサルティング会社はさまざまな企業の成功要因を分析し、ありとあらゆる知識を提供してくれます。

一時的に成功したとしても、その戦略はいずれ模倣されてしまい、その結果、競争優位を長期的に持続するのはますます困難になるはずです。

しかし、現実はそうなっていません。競争優位を長期的に持続する企業が確かにある。その最たるものがアイリスです。四方八方から戦略を注視され、模倣の脅威にさらされながらも、長期にわたって競争優位を維持し、「いかなる時代環境でも利益を出」し続けています。

これはなぜか——僕はこの問題についてずっと強い関心をもち、持続的な競争優位の正体について思考を巡らせてきました。そのうちに、従来見過ごされていた論理があるのではないかと考えるようになりました。それが「ストーリーとしての競争戦略」——個別の打ち手ではなく、それらが一貫した因果論理でつながっているストーリーの総体にこそ競争優位の源泉がある——という視点です。

アイリスは、ストーリーとしての競争戦略のほとんど完璧な事例を提供しています。戦略ストーリーは業務や取引の体系ではありません。論理の体系です。先述したように、アイリスの戦略ストーリーの最上位には、ユーザーインというコンセプトがあります。ユーザーインである以上、ベンダー機能を自社に持つ。メーカーベンダーだからこそユーザーインが実現できる。この論理がアイリスの戦略ストーリーの主軸になっています。

本書で紹介されているさまざまな「仕組み」は、すべてこの基幹となる論理から派生しています。裏を返せば、個別の仕組みに注目しているだけではアイリスの強みの正体は分かりません。仕組みをばらばらに取り入れても、アイリスの競争力は手に入りません。

例えば、毎週月曜日のプレゼン会議。2万5000点に上るアイリスの商品を生み出す原動力であるこの仕組みはよく知られています。同じような会議を取り入れる会社も少なくありません。それでも、アイリスのような成功にはつながっていません。なぜでしょうか。アイリスの仕組みは戦略ストーリー全体の中で初めて機能するものだからです。

プレゼン会議だけではありません。「ICジャーナル」を使った情報共有、伴走型の製品開発、経常利益の50%を毎年将来への投資に回し、発売3年以内の新製品の売上高比率を50%以上とするといったようなKPIの設定──こうした仕組みはいずれもアイリスに独自のユーザーインとメーカーベンダーの文脈に置いて、初めて意味を持ちます。確かに戦略を実行する上で仕組みは不可欠なのですが、本書にある仕組みを取り入れても、期待する成果が出ないどころか、かえってパフォーマンスが低下する恐れがあります。

そこにアイリスの持続的な競争優位の核心があります。

「非合理」の理

アイリスの戦略ストーリーを構成する仕組みには、ストーリーの文脈から切り離してそれだけを見れば一見して「非合理」なものが数多くあります。

これはストーリーとしての競争戦略の観点から、とりわけ興味深いところです。高い業績を上げている企業A社があるとします。競合企業B社は、A社の戦略を模倣しようとするでしょう。このような状況において、なぜA社の競争優位が持続するのか。従来の競争戦略論は「模倣障壁」の論理に依拠してきました。つまり、B社はA社の戦略を模倣しようとするのだけれども、そこにいくつかの障壁があるので、完全にはまねしきれない。だからA社の競争優位が持続するという論理です。

しかし、です。もしA社の戦略ストーリーの中に、B社から見てあからさまに「非合理」な要素が含まれていたらどうでしょうか。B社はA社の戦略を部分的には模倣するにしても、一見して非合理な要素については手を出さないはずです。その結果としてA社の戦略は独自性を維持することになります。

ここでの持続的な競争優位の論理は、模倣障壁ではありません。そもそも競合他社がまねしようという意図を持たないという「動機の不在」にあります。模倣するどころか、他社は合理的な意図をもって模倣を忌避する——これが戦略による独自性（レベル3）の一枚上を行くレベル4の競争優位です。

レベル4にある戦略は、競争優位の持続性という点で模倣障壁という防御の論理よりもさらに強力です。今のところ僕はこれが究極の競争優位の正体であると考えています。アイリスの競争優位はまさにこのレベルにあるというのが僕の見解です。

本書が執筆された2020年、新型コロナウイルス禍が本格化して、アイリスは即座にマスクを増産し、売上を伸ばしています。2011年の東日本大震災のときも、震災発生の2週間後にLED照明の大規模な増産に踏み切り、これをきっかけに市場で支配的な地位を獲得しています。

即断即決の瞬発力といえばそれまでですが、こうしたことが可能になるのはあらゆる設備の稼働率を意図的に7割以下に抑え、わざと生産能力に余裕を持たせているからです。

しかし、稼働率を意図的に低くするということそれ自体は明らかに非効率です。しかもアイリスは部品から内製化しています。市販されている標準部品を使った方がコストの点でも機動力の点でも合理的であるように見えます。

そもそも自社生産をしていること自体が表面的には非合理です。売上高新製品比率をKPIとし、新しいニーズを捉えた製品を次々に市場化するのであれば、自社工場を持たず、生産を外注するファブレスメーカーである方が合理的に映ります。資産も軽くできます。現実にほとんどの企業は、柔軟性を確保するための手段としてファブレスを選択しています。

メーカーベンダーにしてもそれ自体では非合理な面が多々あります。問屋相手の商売であればケース単位で出荷できます。しかし、ホームセンターに直接出荷するとなると、製品1個単位の発注形態になります。売り場の面倒まで見なくてはなりません。実に手間がかかります。

メーカーベンダーであるアイリスは、顧客が欲しいものを迅速に供給しなければなりません。そのため、工場を物流拠点として捉えています。これは生産効率だけで工場立地を決めないということを意味します。日本国内では、高速道路へのアクセスなど物流立地を勘案して生産を9つの工場に分散させています。これにしても、生産効率だけを考えれば非効率な面があります。

こんなに面倒くさく非効率で非合理に見えることをやろうという企業はまず出てこないでしょう。しかし、「ユーザーイン→メーカーベンダー」という補助線を引いて本書をじっくり読めば分かるでしょう。一見して非合理な打ち手（仕組み）が、ストーリー全体の中で他社がまねできない合理性に転化しています。

変わる仕組み、変わらないストーリー

アイリスがやっていることはことごとくメーカーの常識に反することですが、だからといって俗にいう「逆張り」ではありません。他社が表面的な合理性を追求する中で見過ごしてきた裏側に注目する戦略であり、「裏張り」といったほうが適切です。競合他社から見れば非合理でも、ユーザーインとメーカーベンダーという戦略ストーリーからすれば、ごく自然で合理的なことをしているわけです。

それでも、競合他社の目にはアイリスの仕組みはどうしようもなく非合理に映る。まねしてくれと言っても、他社はイヤだというでしょう。他者との違いが無理なく持続するという成り行きです。業界に定着している合理性の裏をかく──ここにアイリ

スの戦略ストーリーの真髄があります。

何をやり、何をやらないか。アイリスの選択の基準は常に、ユーザーインを主旋律とする戦略ストーリーにあります。アイリスがやっていることはどれをとっても一本の戦略ストーリーに集中しています。商品カテゴリーや市場で見れば分散しているように見えても、戦略の本質は集中にあります。

「アイリスでは私の社長時代も、息子に代わってからも、しょっちゅう仕組みを見直します」と大山さんは言っています。戦略ストーリーを動かす方法としての仕組みは、より良いものが出てくれば、それに取って代わられます。それでも、大山さんが「昔の新聞記事を見れば分かる」と言っているように、1980年代からアイリスの戦略ストーリーは変わっていません。ユーザーインの生活提案型価値創造にこそアイリスの存在理由があり、パーパスがあります。大山さんはこう言っています。

どの企業も、もともとは何かしらの事業を顧客に提供したくて組織をつくったはずです。組織を存続するために事業を開始した会社は一つもない。しかし長く経営を続けていると、組織が事業をするための手段ではなくなり、組織を維持することが目的で、事業がその手段になるという逆転現象が起きやすくなります。それは結果的に組織をむしばんでいくのです。

改めて「パーパス経営」が叫ばれている昨近です。しかし、考えてみればこれは奇妙な話です。そもそも企業はパーパスがあるからこそ生まれているはずです。最初には必ずパーパスがある。しかし、そのうちにパーパスは希薄化します。その理由は、組織が大きくなるにつれて、手段が目的化することにあります。

経営の問題のほとんどは、突き詰めると手段の目的化に起因しているというのが僕の考えです。企業組織は目的と手段の連鎖でできています。上司の手段が部下の目的になる。そもそも組織には「手段を目的化するシステム」という面があります。放っておけば必ず手段の目的化に陥ります。

だからこそ、経営者が本来の目的と手段の関係を回復させなければなりません。時間軸で言い換えれば、とかく目先の利得という短期視点に流れがちな人々の目線を持続的な競争優位という長期視点へと引き戻す。そこに経営者のリーダーシップの本領があります。それは戦略ストーリーを構想し、そのストーリーの上に戦略の実行に関わる人々すべてを巻き込むことにほかなりません。

経営や戦略の巧拙はワンショットの静止画では分かりません。さまざまな仕組みが明確な因果関係でつながったときに現れる動画として見ることが大切です。本書はこの戦略の本質を見事に描いています。文庫化をきっかけに、本書がさらに多くの読者を獲得することを願っています。

いかなる時代環境でも利益を出す仕組み――目次

1章 製品開発力 売れる製品を最速で大量に生む仕組み

2章

市場創造力

CHOICE 5

5章 利益管理力

文庫版あとがき

本書は2020年9月に日経BPから刊行した同名書（単行本）を再編集し、文庫化しました。登場人物の肩書やデータ、事実関係などは、原則として単行本刊行時のものです。

序章

効率偏重経営の終わり

CHOICE 1

「環境変化に対応する」か

「環境を自ら変革する」か

2020年を境に、世界は大転換するでしょう。きっかけは言うまでもなく、新型コロナウイルスです。感染者が世界中に広がり、パンデミック（世界的大流行）が起きました。各国政府は外出制限やロックダウンに踏み切り、経済活動がほぼ止まりました。2008年のリーマンショックは、金融セクターが崩壊して世界でお金が回らなくなっただけですが、コロナショックはリーマンショック以上に深刻です。

日本政府は、大型の補正予算を成立させ、約230兆円規模の経済対策を打つことで、個人消費や設備投資の落ち込みをカバーしようとしていますが、日本経済にとって戦後最悪の状況に直面しているのは間違いありません。業界によっては、巨大隕石により恐竜が淘汰されたときのような著しい環境変化が起きています。世界の国々が大量に赤字国債を発行するとどうなるのか、という点も気がかりです。日本のみならず世界規模となると、貨幣価値そのものが問われてくるかもしれません。また、本書の執筆時点では、海外との自由な行き来もいつからできるか、先が見通せない状況です。第二次世界大戦後に築き上げたグローバル資本主義の行く末が懸念されます。

いずれワクチンと特効薬が開発されてパンデミックは収束しますが、以前の経済環境に戻ることはないでしょう。アフターコロナはニューノーマル（新常態）になります。そして、ビッグチェンジにはビッグチャンスが到来します。

具体的にはテレワークの浸透により、在宅時間はコロナ前よりも確実に長くなる。働き方は元通りにはならず、「巣ごもり消費」は定着・拡大します。事実、消費者はリアル店舗での買い物から、インターネットでの買い物に急速にシフトしています。ネットの使いやすさを一度味わったら元には戻れません。これは消費の側面だけを捉えた変化ですが、経済も政治も生活も、あらゆる変化が地球規模で始まっています。そして、どのように会社を舵取りしていくかというマネジメントの仕方も、ニューノーマルが求められます。

なぜ、マスクの大量供給ができたのか

アイリスオーヤマの業績はどうかというと、園芸用品、LED照明、収納家具、調理器具、各種家電など、ホームセンター向けの売り上げが前期より2ケタ伸びています。一方、国内のネット通販事業は売り上げが前期の2倍で推移しています。海外で

のネット通販は日本以上に好調で、前期の2倍以上のペースで伸びています。アマゾンや楽天でもアイリス製品は売っていますが、各ECサイトの伸び率以上に、アイリスの通販売り上げは伸びています。

この背景には、アイリスのブランドがここ数年の家電製品強化などにより浸透したこと、加えて、アイリス製品のアイテム数が膨大であることが消費者に好感を持たれているのではないかと分析しています。自社運営のネット通販サイト「アイリスプラザ」で販売している製品点数は自社製品だけで2万5000点以上になります。ここまでの点数を一社で扱っている通販サイトは、日本国内ではありません。

アイリスグループのネット通販の売り上げは年1000億円を超える勢いで、2020年12月期のグループ売上高は、前期比40％増の約7000億円を見込んでいます。2019年12月期の5000億円から一気に2000億円増えるのです。

ここで読者の中には、「生産体制はどうなっているんだ？」と疑問に思われた方もいるでしょう。普通の会社は1割増し、2割増しの急な出荷増には対応できても、5割増しの注文には、工場や物流がパンクしてすぐには出荷できません。でも、アイリスは大丈夫です。それは生産体制に余裕があるからです。

なぜ余裕があるのか。

アイリスでは、あらゆる設備の稼働率を7割以下にとどめています。注文が増えて7割を超えるようになったら、工場を増床するか、工場を新たに建てる。もちろん、具体的な需要があって増やすわけではないので、普段はただの予備スペースです。けれど、何かの需要が急に出現したときに、その予備スペースで瞬時に増産できる。他社とは瞬発力が違うのです。

コロナ下で、マスクの大増産ができた理由もそれです。もともと中国の大連と蘇州でマスクを作っており、それを中国国内、そして日本にも出荷していました。このうち、蘇州工場の工場床面積を2019年初頭に3・5倍に拡大しました。これは「稼働率7割」のルールに沿ったもので、もちろんコロナを見越したのでは全くありません。

その余裕があったから、コロナのまん延後、中国政府の要請に応じて大量にマスクを供給できたのです。春節の旧正月休みも工場を稼働してマスクを生産し、チャイナファーストで中国政府に供給しました。

さらに、宮城県角田市にあるアイリスの主力拠点、角田工場でも、月1億5000万枚のマスクを生産できる設備を増設しました。これも倉庫として使っていた3割のスペースをクリーンルームに改造できたからです。マスク生産を始めたのは2006

年と早いほうではありませんが、大増産を機にマスクの出荷数は国内トップシェアになりました。

中国工場は中国政府の要請でコロナ下でも稼働できたため、マスク以外の製品も作ることができました。日本の家電メーカーの中には、中国の工場が止まったため、家電製品の出荷に支障が出た例もありましたが、アイリスはビジネスチャンス優先の経営をしたために、ホームセンターや家電量販店などの小売店、そして消費者の信頼を高めたと思っています。

今回のマスク大量供給と似ていると世間から言われているのが、2011年の東日本大震災の後に、アイリスがLED照明を一気に拡販したことです。

あのとき、私は震災発生の2週間後に大連に飛び、現地の工場で大増産を指示しました。それができたのもマスク同様、工場のスペースに余裕を持たせていたからです。結果、大手家電メーカーを抜き去り、LED電球で国内トップシェアになりました。

震災ではLED照明の増産、コロナではマスクの増産。ここに来て、次のように言われることがとても増えました。「アイリスはいつも世の中がピンチのときに業績を伸ばしますね。もともと作っていた製品が追い風を受けて儲かる。運がいい」。

申し訳ないのですが、運だけではありません。経営の仕方が他社と違うのです。危機のときに必ず業績を伸ばせる経営をしているからであり、戦略によるものです。「ピンチをチャンスにする経営」ではなく、「ピンチが必ずチャンスになる経営」の結果です。

ビジネスチャンス優先の経営

アイリスの経営は、ビジネスチャンス優先です。いつ何どき、目の前にチャンスが出現してもすぐに対応できるように、常に準備をして待っています。そのために、自社の強みに特化する「選択と集中」戦略と、目先の効率は下がるかもしれないが、決して機会損失を起こさない「選択と分散」戦略の両方を追求してきました。

それぞれの戦略の違いについては後で詳しく述べますが、集中戦略は、目先の効率は高めますが、外部環境の変化には弱い。環境変化を自社の成長に取り込むためには、目先の効率をあえて下げ、資本を分散させる戦略も必要です。「稼働率7割」はその一つです。

ピーター・ドラッカー氏は、環境にただ対応するのではなく、環境を自ら変えることの重要性を指摘しています。私はそれを実践してきたつもりです。景気が悪くなったら経費削減に取り組み、影響を軽微に抑えるだけでは不十分なのです。

これまでのアイリスの歴史を振り返れば、およそ10年ごとに起きる環境変化のたびに大きく成長しています。具体的には1991年の土地バブル崩壊、1997年の金融危機、2008年のリーマンショック、2011年の東日本大震災、そして2020年のコロナショックです。そうしたピンチが来たときに慌てるのでもなく、嵐が過ぎ去るのをただ待つのでもなく、確実にチャンスに変えて、業績を伸ばしてきました。

もっとも、最初からそのような経営ができていたわけではありません。2020年でアイリスは創業して62年になりますが、最初の環境変化は1973年の第一次オイルショックでした。オイルショックのリバウンドで私は会社を潰しかけています。あんなにみじめで、悲しい経験は二度としたくないと思い、どんな環境でも利益の出せる仕組みを確立すると誓ったのです。

アイリスオーヤマの「経営の原点」は、1964年です。

会社の原点は、私の父が大山ブロー工業所を創業した1958年ですが、父は独立してからわずか5年で、がんに侵されていることが分かり、程なくして他界しました。

8人きょうだいの長男だった私は大学進学を望んでいましたが、母と7人の弟妹を食べさせなくてはならない。1964年、19歳で社長を継ぎました。

工場はプラスチック製品の下請け加工で、孫請け以下の零細企業です。5人の従業員がいて、機械はどれも中古。当時の年商は500万円でした。ここが経営の出発点です。

ただし、経営の相談がしたくても、父はもうこの世にいません。もちろん、「こうしたほうがいいよ」とアドバイスをくれる上司もいない。誰にも頼れず、白紙状態で経営者人生を歩き始めました。なぜ、うまくいかないのだろう。どうすればうまくいくのか――。毎日が「なぜ」「どうすれば」の繰り返しでした。

あの頃の会社の強みは何だったのかというと、それは結局、自分の若さでした。寝ずに働いても、大丈夫な体力がありましたから、昼は営業に出て、夕方から配達をこなし、従業員が帰った夜中に機械を動かす……。その合間に、従業員とご飯を食べながら、語り合う。こんな毎日を過ごしていました。

そして、来る注文は断らない。すべて「イエス」で対応していました。断らずに引き受けていると、「あそこに相談すれば何とかしてくれる」と信用力が得られます。難しい仕事をこなしていると、技術力が高まってきます。

「町工場のおやじで終わりたくない」「下請けではなく、自社ブランドを世に送り出したい」という思いが強くなってきました。そして21歳のときに作ったのが、養殖用のブイ（浮き球）。それまでのブイはガラス製が一般的でしたが、私はブロー成型の技術を生かしてプラスチック製のブイを開発しました。これが「軽くて、壊れにくい」と評判になります。当時はプラスチックの勃興期で、他の素材に代替することで市場が開けました。

オイルショックで倒産の危機

次に開発したのが、田植えで使う育苗箱です。1960年代半ばから普及し始めた田植え機に取り付ける、苗を育てる箱なのですが、こちらはもともと木製が主流でした。しかし、木製では寸法の誤差が生じやすく、耐久性が低いという問題がありました。それをプラスチック製に変えることで、ヒット商品となったのです。

やがて、水産業・農業のメインマーケットである東日本からの受注が増えると、需要に近いところで製品を供給する生産拠点が必要になってきました。そこで、物流網が発達し、降雪が少ない宮城の地を選び、1972年、仙台工場（現・大河原工場）を新設します。19歳で社長に就いたときに年間500万円だった売り上げは、宮城県に進出した27歳のときには7億6000万円にまで伸びていました。

その後の私の経営理論を決定づけるオイルショックが起きたのは、そんなときです。1973年のオイルショック直後は石油製品の需要が高まり、モノを作ればどんどん売れるという状態でした。トイレットペーパー同様、市場はプラスチック製品の買い占めに動き、ブイや育苗箱を作る大山ブロー工業所も設備を増強して需要に応えていました。最新設備を入れた仙台工場では150人ほどの社員が働いていました。

しかし、混乱が収束すると、仮需要のリバウンドで1975年を境に需要は急減。壮絶な値崩れが始まったのです。大山ブロー工業所の売り上げはたった2年間で、14億円から7億円に半減。工場の稼働率が下がり、売価が原価を下回ります。

直前に仙台工場をつくって規模を拡大したことで、借り入れは膨らんでいた。大量生産で効率化を図ろうとしたことが仇となったわけです。どのメーカーも在庫が山積みになり、売れば売るだけ赤字になる事態に陥ってしまいました。大山ブロー工業所も、10年間で築き上げてきた会社の資産をたった2年で失うことになったのです。

東大阪の工場を閉める

もはや、2つの工場を抱える体力はありません。設備が新しく、規模も大きく、そしてメインマーケットに近い仙台工場を残し、父から継いだ東大阪の工場を閉める。これ以外に選択肢はありませんでした。

大阪から仙台への異動を承諾してくれた社員は4人。大阪で働いていた残り46人、そして仙台にいた社員150人の約半数に、辞めてもらうことになったのです。自社ブランド製品のブイ、育苗箱もヒットさせた。青年経営者の端くれのつもりでしたが、私のマネジメントのどこかに欠陥があったのです。

特定の製品でヒットを飛ばしても安泰ではない。わずか1、2年で会社は簡単に駄目になる。オイルショックのような環境変化が数年後に再度起きたら、もう会社は持ちません。競合他社に追随されて価格競争になれば、やはり利益率は大きく落ちるかもしれない。どんな時代環境においても利益を出せる経営とは、どのようなものか。二度とリストラをしないという強い思いを胸に、私は会社を抜本的につくり直すことにしたのです。

このときに誓った「いかなる時代環境においても利益の出せる仕組みを確立する」という言葉を、1991年に、大山ブロー工業所からアイリスオーヤマに社名変更したときに制定した企業理念の第1条に掲げることになります。

これは、いわばアイリスにおける〝憲法第1条〟です。企業理念というと、多くの会社では「顧客第一」や「社会貢献」の文言が最初に来るのではないでしょうか。利益を出すためには顧客や社会に貢献しなければならず、それらを後回しにするつもりはありません。ただ、二度とリストラをしないよう、利益を出し続けることが私の中で絶対条件でした。

仕組みという言葉にこだわったのは、個々の製品は重要ではないことをオイルショックで学んだからです。ヒット商品に頼っていると、製品開発力が弱まり、時代の変化に適応できなくなるというリスクも生じます。それを防ぐのが、仕組みです。

利益を出し続ける仕組みを確立

宮城の地に移り住んでからの私は、利益を出す仕組みづくりを来る日も来る日も考えました。経営者人生をかけて、今に至るまでその仕組みづくりに没頭していると言ってもいい。

その一つが、ユーザーインの仕組みです。需要と供給のバランスで動く市場経済と一線を画すためには、自ら需要を生み出す市場創造型の製品が必要です。それを「ユーザーイン」という言葉に昇華し、経営の軸に据えます。その考えの下、1980年代にはガーデニングブーム、ペットブームを仕掛け、会社は大きく息を吹き返します。

ただし、需要創造型の製品は過去の実績を示せないため、確実に売れるものを求めたがる問屋は取り扱いに難色を示しました。そこで私は新興勢力のホームセンターとの直接取引を狙い、問屋機能を包含した「メーカーベンダー」という業態を確立します。

需要創造の仕組みであるユーザーイン、市場創造の仕組みであるメーカーベンダー。このほかにも、いかなる時代環境でも利益を出すための仕組みを、アイリスの中にはいくつも埋め込んでいます。これらの仕組みにより、オイルショック以降もたびたび襲ってきた逆風に、ただ耐えるのではなく、自らの力で追い風に反転させ、アイリスは飛躍的に発展してきました。

日本のみならず米国、欧州、中国、韓国でも現地生産・現地販売するグローバル企業になった会社の経営を、2018年、長男の大山晃弘に渡し、アイリスは第2ステージに入りました。2022年に売上高1兆円を目指して積極的に先行投資し、家電を中心に新製品開発を加速させていたさなかに、パンデミックが発生したというわけです。

目先の効率追求からの脱却を

アイリスの経営が注目されるのは、コロナショックの中でも成長しているということもありますが、底流としての時代変化もあるでしょう。

人口増加時代は、キャッチアップのビジネスでも何とかなる時代でした。他社と比較して少し頑張れば、会社は回ったのです。不況が来ても、いずれ好景気がやってくるから、それまでの辛抱と、静観を決め込んでいた経営者がほとんどでした。

しかし、人口減少時代はそれでは会社は全くもって回りません。大きな市場が短期間のうちに縮むことが当たり前に起きるのです。さらに、米中対立に見るように、国際情勢は予断を許さず、グローバル資本主義には暗雲が垂れこめ、気候変動による天災も増えています。10年に一度ではなく、もっと高い頻度で外的環境に大きな変化が起きる時代です。その中で勝ち抜くには、自らの手で環境をコントロールする力が必要です。

それこそがニューノーマルのマネジメントです。これからの経営のスタンダードは、目先の利益を最大化したり、資本効率を極大化することではなく、どんな時代環境においても利益を出すことのできる仕組みをつくることです。

要となるのは、経営効率の考え方です。

目先の効率を優先するなら工場を1カ所に集約して、設備の稼働率も高いほうがいいに決まっています。製品群も広げず、得意なものに絞れば効率がいい。しかし平時はそれで強かったとしても、有事のときに受けるダメージは半端ではありません。

コロナにより、マスクを着ける文化がなかった国でもマスクの需要が急拡大しています。アイリスでは、中国と日本以外、具体的には米国、フランス、韓国でも現地生産を進めています。中国でまとめて作って輸出したほうが効率的ではないか、という見方には同意しません。各消費地に拠点を分散することで、ビジネスチャンスを確実に捉えられるからです。

オンリーワン商品は危ないと言っているのではありません。1つではなく、たくさんのオンリーワン商品を持つのです。「いくつも持つなんて無理だ」と言わないでください。最初は2つ。次に3つ。一歩一歩です。私も中小企業だった頃、時間をかけながら製品を増やしてきたのです。本書を読んでいる皆さんにできないわけがない。

ただ、そのためには「仕組み」が必要です。

私は社長、会長として経営者の経験が56年になりますが、私一人の力で、環境変化に動じない会社ができるほど経営は簡単ではありません。仕組みに落とし込まなければ、利益を出し続ける保証、長期にわたって成長を続ける保証はないのです。私に言わせれば社長の仕事は、長期視点に立った事業構想と、それを実現するための仕組みの確立・改善です。

アイリスは「仕組み至上主義」の会社です。仕組みをつくらない社長は、自分で何でも決めたいだけなのでしょう。そんな会社は、社長が引退した途端、傾きます。

では、皆さんよりも一足早く、ニューノーマル時代の経営を実践してきた私が、その仕組みを開発力、創造力、瞬発力、組織力、管理力の5つの分野ごとに説明していきます。

各項目には経営の選択肢を示しました。どちらを選ぶかは皆さん次第ですが、その選択に確信と覚悟を持てなければ、新しい経営には変わりません。この序章では「環境変化に対応する」か、「環境を自ら変革する」か、という選択肢を掲げました。前者がこれまでの経営で、後者がこれからの経営だということはご理解いただけたと思います。

では、いよいよ本題に入りましょう。本書は、アイリスオーヤマの成功物語ではありません。ニューノーマル時代に向けて、あなたの思考を軌道修正するものとお考えください。

1章

製品開発力

売れる製品を
最速で大量に生む仕組み

CHOICE 2

フォーカスするのは

「使う人」か

「買う人」か

顧客に必要とされる製品やサービスを継続的に送り出すことが、いかなる時代環境でも利益を出すための第一歩です。売れる製品をたくさん出していれば、粗利は拡大しますし、あるジャンルの製品が売れなくなっても、他のジャンルの製品がカバーします。利益を出し続けるためには、顧客を中心に経営を組み立てる必要があるのです。

私が、顧客を経営の中心に据えたのは、オイルショック以降でした。

黒字企業に共通するマーケティング力

オイルショックのリバウンドによりプラスチック業界の8割の会社は赤字で、多くの会社が倒産しました。しかし驚くことに、2割の会社は黒字を維持していました。大赤字を出してリストラを余儀なくされた私と彼らの間に、どんな違いがあるのかと調べると、「マーケティング」というキーワードが浮かび上がります。2割の黒字企業は、顧客のニーズに合わせてものづくりをしていたのです。

養殖用のブイも農業用の育苗箱も、利用者である漁師や農家の不便や不満に注目し、その課題を解決するという視点で開発した製品ですから、顧客をないがしろにしたわけではありません。けれど、私はヒット商品に寄りかかりすぎた。

「作ればどんどん売れるぞ」と踏んだ瞬間から、顧客のことは向こうに追いやり、品質のいいものを安く大量に作って問屋や商社に納めさえすれば儲かるという、プロダクトアウト型の経営に転じてしまったのです。

プロダクトアウト型の経営は、しばしば需要とミスマッチを起こします。オイルショックの仮需要が起きたときも、儲かったわけではありません。100円の製品が200円で売れたけれども、プラスチック原料はそれ以上に高騰したからです。

私たちしか扱っていない製品ならさほど値崩れはしなかったでしょうが、そんなに甘い市場は現実にはありません。当たり前のように競合が次々に現れました。「私たちは先発メーカーで業界シェアも高い。漁業・農業のマーケットは大きいから、まだまだ大丈夫だ」と高をくくっていました。しかしオイルショック後、100円の製品は50円にまで下がり、私たちの利益を乗せた価格では問屋は買ってくれなくなったのです。

「好況時だけ儲かるビジネス」ならプロダクトアウト型でも構いません。しかし、「不況時でも儲かるビジネス」をするには、常に顧客側に立脚しなければならない。

顧客ニーズをしっかり見て、事業展開することを経営の軸に据えよう。オイルショックをきっかけに私はそう決めました。

マーケットインではなくユーザーイン

「顧客を中心に経営を組み立てる」というと当たり前のように聞こえるかもしれませんが、多くの会社は十分にできていません。注意しなければならないのは、顧客は誰かということです。アイリスでいえば、顧客は小売店なのか、それとも消費者なのか。そこのところを明確にするには、経営を3つの型で捉えるといいと思います。「プロダクトアウト」「マーケットイン」「ユーザーイン」です。プロダクトアウトと対になる言葉としては、マーケットインが一般的ですが、経営で重要なのはユーザーインの思想です。

順に説明しますと、プロダクトアウトは、自社独自の強みを深掘りすることで勝負する戦略。かつては需要が供給を上回っている状態でしたから、松下幸之助氏が提唱した「水道哲学」のように、とにかくモノを大量に安く作ることが、企業経営の模範とされました。

現代においてプロダクトアウト型が通用しなくなったわけではなく、製造業なら品質、価格、納期などを極めれば勝つことができます。ただ、外的環境の変化や競争条件の変化で需要がなくなれば、せっかくの強みが帳消しになる危険性は常につきまといます。

次にマーケットインですが、これは業界や市場の要望に応える戦略と私は位置づけています。独自性の高くない製品でも、市場で必要とされるものはたくさんあります。価格競争に耐えるだけの資本力や営業力のあるメーカーは、マーケットイン型で戦うことができます。ただし、市場の競争環境によって業績が上下するので、資本力に劣る中堅・中小企業が利益を上げるには無理があります。オイルショックで大赤字を出した、かつてのアイリスがその典型です。

プロダクトアウト型、マーケットイン型の経営が間違いというわけではないのですが、環境変化に翻弄されない会社をつくろうとすれば、ユーザーの動きをしっかりとらまえたユーザーイン型の経営ということになります。

アイリスのように生活者向けの製品を作っている場合、ユーザーとは「エンドユーザー（使う人）」のことです。使う人が「これは役に立つ」「これは安くて使い勝手がいい」などと満足するかどうかを考えるのが、ユーザーインの思想です。「買う人＝使う人」とは限りません。技術者はどうしても、プロダクトアウトの発想になりやすい。また営業社員は、マーケットインの発想になりがちです。営業社員にとっての直接の顧客は問屋や小売店のバイヤーですが、彼らのニーズは大抵、流通のニーズです。流通は、文字通り製品を流すことが役目であり、必ずしもエンドユーザーのニーズとは一致しません。

例えば、多数の製品を扱う問屋は、売れるかどうか分からない斬新な新製品よりも、安定して売れる製品を扱いがちです。確実に利益が得られる製品をメーカーの営業社員に求め、うのみにした営業社員がそれがエンドユーザーのニーズだと開発に伝える。そうしたニーズのずれはよくあることです。マーケットのニーズとユーザーのニーズを混同しているのです。

ユーザーとカスタマー（顧客）は違います。問屋は、メーカーにとってのカスタマーではありますが、ユーザーではないのです。しかも、問屋などの流通企業は、製品の性能ではなく、あちらのメーカーのほうが価格が安いからという理由で仕入れ先を切り替えることがあります。顧客のニーズを聞いても安泰ではありません。マーケットのニーズとユーザーのニーズのずれを放置し、修正せずにいると、いずれ行き詰まります。

メーカーが、自社の製品を売ってくれる問屋や小売店を大事にするのは至極当然のことです。しかし、その先にいる真のユーザーを見ることが経営の要点なのです。

「透明タンクは売れない」と言った問屋

具体例を挙げましょう。オイルショックの後、アイリスが着目したのが園芸業界でした。

1970年代の園芸といえば、一般的には商店街の種屋さんで種を買い、屋外に置いた素焼きの植木鉢で育てるというものでした。生活が豊かになるにつれ、もっと自由に、そして室内でも草花や観葉植物を楽しむ時代が来ると、私は考えました。

園芸業界を調べると、どの会社も2ケタの利益率を上げているが、大きな会社はない。しかも、私たちが手掛けていたプラスチック製育苗箱の製造ノウハウを生かせる。また、消費者向けのビジネスのほうが好不況の影響を受けにくいはず。こうしてアイリスは、プラスチック鉢を出発点に、BtoB商品からBtoC商品へと軸足を移していくのです。

具体的に、どんなプラスチック鉢を作ったか。

素焼き鉢は重くて、落とせば割れる。長く使うとコケやカビが生えるなど、取り扱いが面倒でした。それに対してプラスチックは軽くて、カラフルで、壊れにくく、安価です。既に業務用の鉢はプラスチックに置き換わりつつありましたが、消費者向けはまだ手つかずでした。理由は、消費者は早く花を咲かせたいと水と肥料をどんどんやり、根腐れさせるからです。素焼き鉢であれば、鉢自体が水を通すので、やりすぎた水は鉢の外へ流れ出てくれます。

そうした素焼き鉢のメリットを考慮し、プラスチック鉢の底をメッシュ構造にすることによって、アイリスは扱いづらい植木鉢を生まれ変わらせました。1981年のことです。この製品のヒットを皮切りに、顧客目線で多種多様な製品を投入したアイリスは、プラスチックの園芸用品においてナンバーワンになるのです。

このようにユーザーのニーズを素直に捉えればヒット商品を開発できますが、流通企業がその壁になることがあります。

1980年代、農作業に使う薬液噴霧器のタンクの色は、黄色が当たり前でした。しかし、これでは農薬がどれくらい入っているか、見ただけでは分かりません。透明なタンクなら、残りが見えて便利なのではと私は考えました。

なぜ黄色ばかりだったかというと、農機具業界では「タンクを黄色にしておけば、直射日光に当たっても、中の薬が変質しない」というのが定説だったからです。小売店は「タンクが黄色でないと売れない」とまで断言していました。

でも、よく調べるとおかしい。農薬は水で薄めて使うのですが、使用説明書を見ると「その日のうちに使い切ってください」と書いてある。水で薄めた農薬は何日も持たないからです。どのみち、2日、3日と使わず、1日で使い切るなら、直射日光の影響はほぼないはず。そこで、半透明タンクの噴霧器の販売に踏み切りました。

一応、小売店の意見も汲んで、黄色いものと半透明のものと二本立てで売り出しました。すると、売れるのは半透明のものばかり。その後、黄色いタンクは見かけなくなりました。

積み上げ式の値決めからの脱却

このように買う人ではなく、使う人の立場になって考えることで、新たな市場を創造することができるのです。ユーザーは法人ではありません。部品会社なら部品を買ってくれる会社ではなく、部品を使う現場の人、あるいは部品を使って組み立てられた製品を使う人がユーザーです。ユーザーは心底欲しいと思うものには、どういう時代環境であれ、お金を払います。

ユーザーの役に立たなければ、どれだけ小売店の購買担当者に気に入られても、店頭からは消えていきます。どんな業種であっても、ユーザーのニーズを取り込む仕組みを考えていかなければなりません。小売店は、直接ユーザーと接しているから大丈夫、ということは全くなく、ユーザーのニーズに合った製品を提供できていない店は客離れが起こります。

自分たちはユーザーのことを、どこまで真剣に考えているだろうか。

そう問い直すだけで経営は随分変わります。

過度な値下げはマーケットの要望で、個々のユーザーはそこまで望んでいないことがほとんどです。経営者は、そこをはき違えてはいけない。あくまでもユーザーニーズに深く入り込んだ製品、サービスを考えるのです。日本企業はマーケットインの発想が強い。今していることは、「誰の要望なのか」と、まずは落ち着いて考えてみましょう。

使う人の視点に立てば、値付けに対する考え方も変わります。

「原価がこれだけかかったから、利益を乗せると、この価格で売らなければ割に合わない」といったコスト積み上げ式の値付けをしていないでしょうか。なぜ、このような思考回路が出てくるのかというと、組織の維持を優先しているからです。

どの企業も、もともとは何かしらの事業を顧客に提供したくて組織をつくったはずです。組織を存続するために事業を開始した会社は一つもない。しかし長く経営を続けていると、組織が事業をするための手段ではなくなり、組織を維持することが目的で、事業がその手段になるという逆転現象が起きやすくなります。それは結果的に組織をむしばんでいくのです。

企業が創造する価値を提供する相手は、ユーザーです。そのユーザーには「原価がいくらかかったから、この値段にしました」という作り手の言い訳は全く通用しません。

この価値ならいくら払うか。それだけで購買の決断を下します。

だからアイリスでは、顧客になりきって値段を考えます。ユーザーは製造原価が分かりません。流通コストがどれだけかかっているかも関知しません。けれど、目の前にある製品の価格が「高いか、安いか」を知っています。「欲しいか、欲しくないか」を知っています。作り手の事情を排除し、ユーザーの目線で値段を決めることが、売れる製品を作る基本です。

LED電球でトップシェアを取れた理由

2010年、LED電球の値段が1個5000円程度していたとき、アイリスは2000円のLED電球を開発、市場投入しました。2000円なら、主婦が買いたくなるはずと考えたからです。

LED電球は、蛍光灯や白熱灯より価格が高いことが、普及のネックになっていました。2000円まで下げれば、1年で元が取れる。2年目からは電気代が10分の1になるメリットをフルに享受できます。これを店頭でアピールしたのです。原価は一切考慮に入れていません。ユーザーインで値付けをしたから、LED電球で国内トップシェアを取れたのです。

では、どのようにして売価5000円が当たり前の製品を2000円で作ったか。

最初の時点では具体論が描けなくても、何とかなるものです。松下幸之助氏も言っていました。1割、2割を値下げするのは難しいけれど、半値にしろと言われたら知恵が出る、と。

高い位置にターゲットが定まれば、別方向から新しいヒントが出てくるのです。イノベーションとは不可能なことを可能にすることであり、それを可能にするのが、「ユーザーのためにこの不可能を実現しなければ」というユーザーインの執念です。

LED電球の場合は、ボディー（筐体）を内製化することで、2000円の価格を実現しました。日本の大企業は大抵、アッセンブリメーカーですが、アイリスはビス1本から自前で作るくらい、内製化率が高い。外注先に頼んだほうがラクですが、多様な製品を作るには、内製化したほうが結果的には効率的です（3章参照）。

期待したほど売れなかったらどうするのかと心配かもしれませんが、それは考え方が逆です。ユーザーが望む値段で提供すれば、たくさん売れて原価率が下がります。投資して手間をかけてユーザーの望む価格を実現することと、外注して手間をかけずにユーザーが望まない価格で提供すること。どちらがリスキーかというと、後者です。

多くの人はここを勘違いする。リスクを下げているつもりが、実はユーザーからそっぽを向かれる行為をしているため、リスクを高めているのです。

CHOICE 3

KPIの目的は

「業績向上」か

「新陳代謝」か

顧客が求める製品を開発する上では、価格競争に対する考え方も重要です。

人口が減り、消費が停滞しているといっても、ここしばらくの間、日本のGDP(国内総生産)はあまり変わっていません。これは何を意味するかというと「衰退している市場」と「成長している市場」があるということです。

もしあなたがいる市場が縮小しているなら、成長している市場に移らなくてはいけない。頑丈な船でも、沈むときには沈みますから、船を乗り換えるという発想が大事です。あなたを乗せる船は、必ずどこかにあります。

いかなる時代環境においても利益を出すには何をすればいいか。その一つが、利益が出なくなった製品を根本から見直すことです。この考え方は製品開発をする上で欠かせないものだと思いますが、多くの企業では実行されません。利益率が大きく下がった製品があっても、少しでも利益が出るならばと無為に居座り続けるのです。

事例で説明しましょう。時は1991年。

バブル崩壊で起きたのは、オイルショックと同じ「価格破壊」でした。供給過剰になると単価が下落する。これはもう教科書通りでした。特に、当時のアイリスの看板商品であるクリア収納ケースが激しい価格競争にさらされていました。

この製品は5月の寒い日の朝、私と妻の会話から生まれました。私は釣りに出かけようとセーターを探しましたが、見つかりません。家中の衣装ケースや引き出しを開け、寝ている妻を起こして探したものの見つからず、ついには言い争いに発展——。「収納ケースの中身が見えたらいいのに」「しまうだけでなく、探すための便利さも必要だな」。そんな気づきが、世界初のクリア収納ケース開発の原点でした。「きっと皆も、困っているに違いない」。早速、製品化に向けた取り組みがスタートしました。

しかし当時、透明性の高いポリプロピレン樹脂は、使い捨て注射器という特殊な用途のために開発された素材で、希少で高価。製品開発は簡単には進みませんでした。そこで、値ごろ感のある製品を開発するため、原料メーカーと共同研究を開始。クリア収納ケースは発案から2年の歳月を経てようやく形になったのです。

完成した製品を見た取引先の反応は、「収納ケースは価格競争が激しい市場。高い製品は誰も買わない」といま一つ。しかし、価格の安い不透明な収納ケースと並べて販売したところ飛ぶように売れ、クリア収納ケースは瞬く間に日本中の家庭に行き渡りました。

クリア収納ケースは従来品より2割高い価格だったので、アイリスに大きな利益をもたらしましたが、あれよ、あれよという間に30社が乱立します。経営は競争です。ヒット商品を作ったからといって、いつまでも儲かるわけではない。ヒット商品であればあるほど、他社がそこに目をつけて、類似商品を出してきます。市場は完全に供給過多でした。そこにバブル崩壊が起きたのです。

儲からない市場からは一時退避

需要と供給のバランスが完全に崩れ、投げ売り合戦が始まります。2000円程度だった価格は半値以下まで下落。アイリスはサイズのバリエーションを増やすなど、小手先の工夫はしてみましたが、その程度では価格競争から抜け出すことはできなかった。

クリア収納ケースは私たちがつくった市場ですから、愛着はとても強かった。オンリーワンの製品で、日本の収納文化を変えたというプライドもある。しかも、クリア収納ケースは売り上げの3割を占める事業の柱に育っていました。しかし、価格が半分も下がると、原材料費もまかなえません。このままでは共倒れで、オイルショックの二の舞になると思いました。

そこで私はどの会社よりも早く、国内市場からの一時撤退を決断しました。正確に言うとやめたのではなく、こちらの提示価格で買ってくれる顧客だけに販売した。「価格が安くなければ駄目」という小売店からは手を引くことにしたのです。

そうすると設備や金型が余り始めます。そこで私は、米国市場の開拓に取りかかった。米国は家が広く、大きなクローゼットがある。しまうことに不満はないかもしれないが、探す不満は必ずあるはず。この判断は正しく、アイリスにとって初めての海外進出が始まります。国内市場からの一時撤退がなければ、アイリスの海外展開は始まらなかったと考えています。

国内では、値引き販売をやめた途端、売り上げは急降下しました。ただ、もともと材料費分も出ていなかったのですから、手元に残る利益が減るわけではありません。むしろ、シェア確保に費やす労力を他の事業に振り向けることができた。

冷静に考えれば誰もが納得する経営判断でしょうが、こうしたケースでは、多くの会社が市場に踏みとどまります。「市場はまだ伸びる」「売り上げが欲しい」などの理由を並べたて、過当競争の渦の中でがまんをし続けるのです。

私も迷いはありました。しかし、ここで市場から一時撤退しなければ「いかなる時代環境でも利益を出す」という理念に反する。オイルショックに伴う値崩れで、倒産しそうになった経験を二度としたくない。そうして、迷いを振り切ったのです。

その後も市場では価格競争の嵐が吹き荒れ、現在も残っているメーカーは数社です。実は当社もその中にいます。価格競争が一段落し、十分な利益が出るような状況になってから、クリア収納市場におけるシェアを再び伸ばすことができました。

アイリスは価格競争に早く見切りをつけたおかげで、売り上げをカバーする新製品開発に力を注ぐことができ、米国市場を開拓できました。米国市場で得た利益は、次の開発原資に振り向けることもできました。価格競争が起きた市場に固執してはいけないのです。多くの人が頭ではそう理解していても、なかなか実行できないと考えているでしょう。しかし、価格競争を続けることは不毛だという考え方を持たなくては、その先には進めません。

幅広いジャンルの新製品を作る

価格競争の渦に巻き込まれたのは、クリア収納ケースだけではありませんでした。散水用のホースリール、卓上事務用品のレターケースなど、あらゆる製品が15%程度の大幅値下げを余儀なくされました。1994年度の売上高は500億円を見込んでいたのに、1993年度の17％増、422億円止まり。経常利益は前期並みの33億円、利益率は約8％でした。

バブル崩壊で事業縮小に走る会社が多い中、8％の利益率を上げたことは、ユーザーインで製品開発を進めてきた成果といえます。しかし、価格競争という外的要因と無縁ではいられなかった現実に、私は悔しい思いをしていました。

不況時に、100円で買っていた製品が80円になったからといって、その分買う人が増えるわけではありません。けれど、ユーザーのニーズを掘り起こした新製品であれば、100円が相場のところ、120円で販売しても売れます。

バブル崩壊後の価格破壊で改めて学んだことは、新製品比率を高く維持することの重要性でした。ヒット商品に頼りすぎてはいけないことはオイルショックで学びましたが、仕組みがないと、易きに流れて新製品開発は滞る。いかなる時代でもしっかりと利益を出すには、新製品を一定以上、持たなければならない。

利益率以外の理由からも新製品比率の重要性を感じていました。不毛な価格競争から一時避難するには、その時点で他の製品を展開していることが必要です。有望な製品が他に一つもないと、避難することができず、価格競争の泥試合を続けるしかなくなってしまいます。

一般に製品展開では、誰もが注目する分野か、儲かりそうな市場に目を向ける会社が多いように思います。けれど、そうした市場は他社も次々に参入しますから、再び定員オーバーで船は沈みます。そもそも、ビジネスは面倒くさいことにこそチャンスがあります。面倒くさいことは誰もやりたがらないからです。

おそらくどの会社もそうですが、創業したときは面倒くさいことに一生懸命に取り組み、会社を大きくしてきたはずです。ところが創業時にはできていたのに、新規事業を立ち上げるときには、目先の効率を優先する会社が多い。皆が注目している分かりやすい成長市場、しかしその分競争が激しい市場にわざわざ飛び込み、失敗します。

そのため、特定の市場・技術によりかからず、そして、誰もが注目している分かりやすい成長市場以外にも、製品ジャンルをできるだけ広げておかなければならないのです。そうすればどんなに激しい環境変化が起きても、有望な市場に人員や資金をシフトすることで、利益を伸ばし続けることができます。

経常利益の50%を毎年投資に回す

ただし、「できるだけ」というと人間には甘えが出てしまいますから、製品の点数やジャンルは広がりません。そこで仕組みが必要なのです。

アイリスでは、毎年、経常利益の50%を設備などの投資に回します。

既存製品の利益率が下がり、一気に新しい市場に乗り換えようとして失敗するパターンはとても多い。経営環境の変化は時間をかけながら進みます。短期間で変化したように見える事象も、必ず以前からその兆しはあるものです。例えば、日本の少子高齢化は随分昔から予測されていました。この10年、20年で突然分かったことではありません。そうした変化に合わせ、あるいは変化を見越して、一歩ずつ新しい市場に動く。これが経営の基本です。

しかし、この「一歩ずつ」が苦手な会社が多い。環境が変わってきても、何とかなるだろうと既存市場にしがみつき、いよいよまずいとなったときに、一か八かで新市場に参入する。体力のない企業が一か八かの勝負をして失敗したら、ひとたまりもありません。

メディアはよくV字回復した会社を取り上げます。読み物としては楽しいかもしれませんが、現実に成功するのは、優れた指導者による卓越した戦略構築、そして社員と一体になった業務改革によって成し得るもので、V字回復は簡単ではありません。

だから、企業は常に経常利益の50%分を、新市場の開拓費用に振り向けたほうがいいと思います。50%なら仮に失敗しても、どのみち税金（法人税）として取られていたと諦めもつく。２０００万円の利益が出たら１０００万円を投資に回す。５００万円の利益が出たら２５０万円を回す。常に経常利益の50%分の資金を使い、新市場に一歩一歩入っていくのです。

そして入った市場が駄目だとなれば、早々に別の市場に照準を合わせる。じりじり動き、あるときふと後ろを振り返ったら「もう山の中腹まで登っていたのか」と気づくくらいでいい。一気に山頂に登ろうとするから、途中でこける。

アイリスは株式上場をしていません。また、実質的に無借金経営です。それでも事業を多岐にわたり広げてこられたのは、一歩一歩、新しい市場に出てきたからです。投資にはリスクが伴いますが、そのリスクを経常利益の50%に抑えていれば大丈夫。目先の利益だけを欲し、少しのリスクすら取ろうとしないと、いつまでも市場縮小に苦しむことになります。

結果として、売上高に占める新製品の研究開発費も一定水準を保っています。売上高40億円のときも、売上高４００億円のときも、売上高４０００億円のときも、売上高の４%です。会社が大きくなっても、開発の手を緩めていません。

こうして軍資金を確保する一方、新製品比率の目標を立てるのです。

新製品比率を50％以上に設定

アイリスでは中長期の計画を立てません。今期の1年間はこれくらいの数字を目標にしようという方針は出しますが、中長期の計画は立てない。根拠の薄い計画を立てることに意味がないからです。その代わりに、売上高全体に占める新製品の売上高比率を数値目標に掲げます。新製品は「発売して3年以内の製品」と定義し、「新製品比率の目標は50％以上」です。

「売上高全体に占める1つの製品ジャンルを20％以下にする」など、製品群の構成比で考える方法もあります。しかし、市場を分散させることは本質的ではありません。販売する市場が分散していても、イノベーティブな製品を投入していなければ利益率は低くなります。

通常、市場投入された製品は時間の経過と共に価値が下がっていきます。鮮度の高いヒット商品でしっかり稼ぎつつ、ロングテールの既存製品で利益を補う。そのバランスは難しいですが、少なくとも新製品比率が50％を下回ってはならないという判断です。

アイリスでは、この「新製品比率50％」の戦略を、1990年頃から意識するようにしました。そして1994年度には2800アイテムだった製品数を、1995年度には4000アイテムへと一気に増やしました。営業戦略も、ボリューム商品中心の営業から、新製品優先の営業へとシフトしたのもこの頃です。

新製品比率は1991年以降、50％を切ったことはほぼありません。2010年代に入ってからは、LED電球や家電、コメなどの新製品をどんどん投入するようになったので、60％前後を維持しています。2019年度は、売上高に占める新製品比率は64％です。ここ最近は毎年1000点以上の新製品を投入しています。

ユーザーインを妨げる大企業病

アイリスでは新製品比率50％を目標に据えていますが、50％がいいのかどうかは業界・業態などによって違うでしょう。また、新製品比率の代わりに新規客開拓率など別の指標を目標にしたほうがいい場合もあるかもしれません。そこは柔軟に考えていいと思います。

重要なのは、会社の新陳代謝を最もよく表す指標をＫＰＩ（重要業績評価指標）に据えるという視点です。「大企業病」という言葉を聞いたことがあるでしょう。組織が大きくなると、官僚主義、縦割り主義などの弊害が起きやすい。

大企業病にかかると、組織の維持を優先し、顧客の期待を後回しにするため、いずれ利益率が落ちてきます。それを防ぐには、イノベーションを高める指標をＫＰＩに設定することです。アイリスの場合は、それが新製品比率と経常利益率、そして経常利益に占める投資の比率です。

単に規模拡大を目的にしたＫＰＩでは、新陳代謝が十分にできているかどうかは分かりません。顧客に常に新しい価値を提供できてこそ、外的環境の変化に耐える力が蓄えられるのです。ヒット商品やロングセラーに寄りかかることは会社の活力を奪います。あなたの会社がいかなる時代環境でも利益を出すには、どんな指標をＫＰＩに設定するか。そこをまずロジカルに考えて、そして社内のコンセンサスを得るようにします。

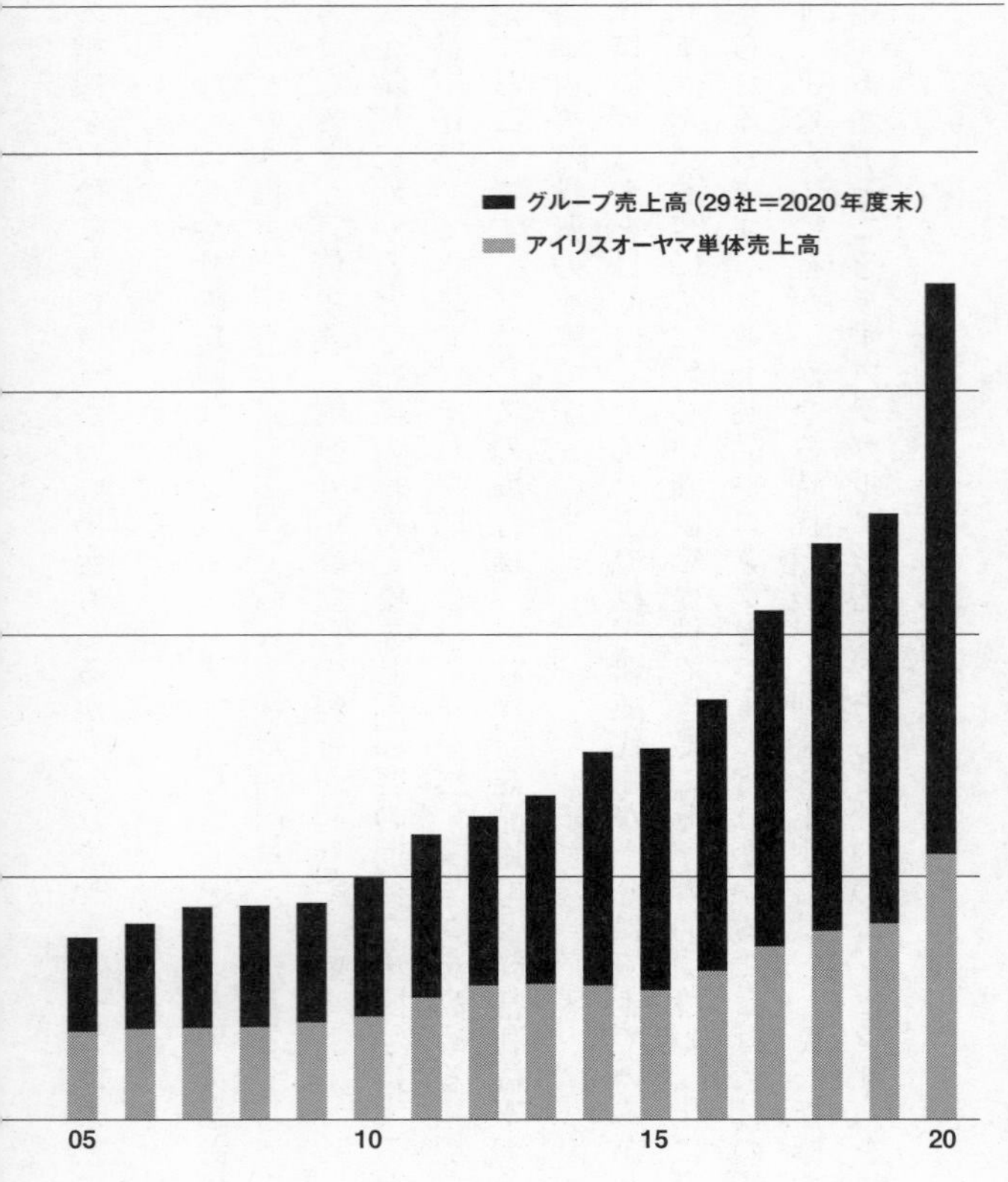
グループ売上高（29社＝2020年度末）
アイリスオーヤマ単体売上高
05
10
15
20

アイリスグループの売上高の推移

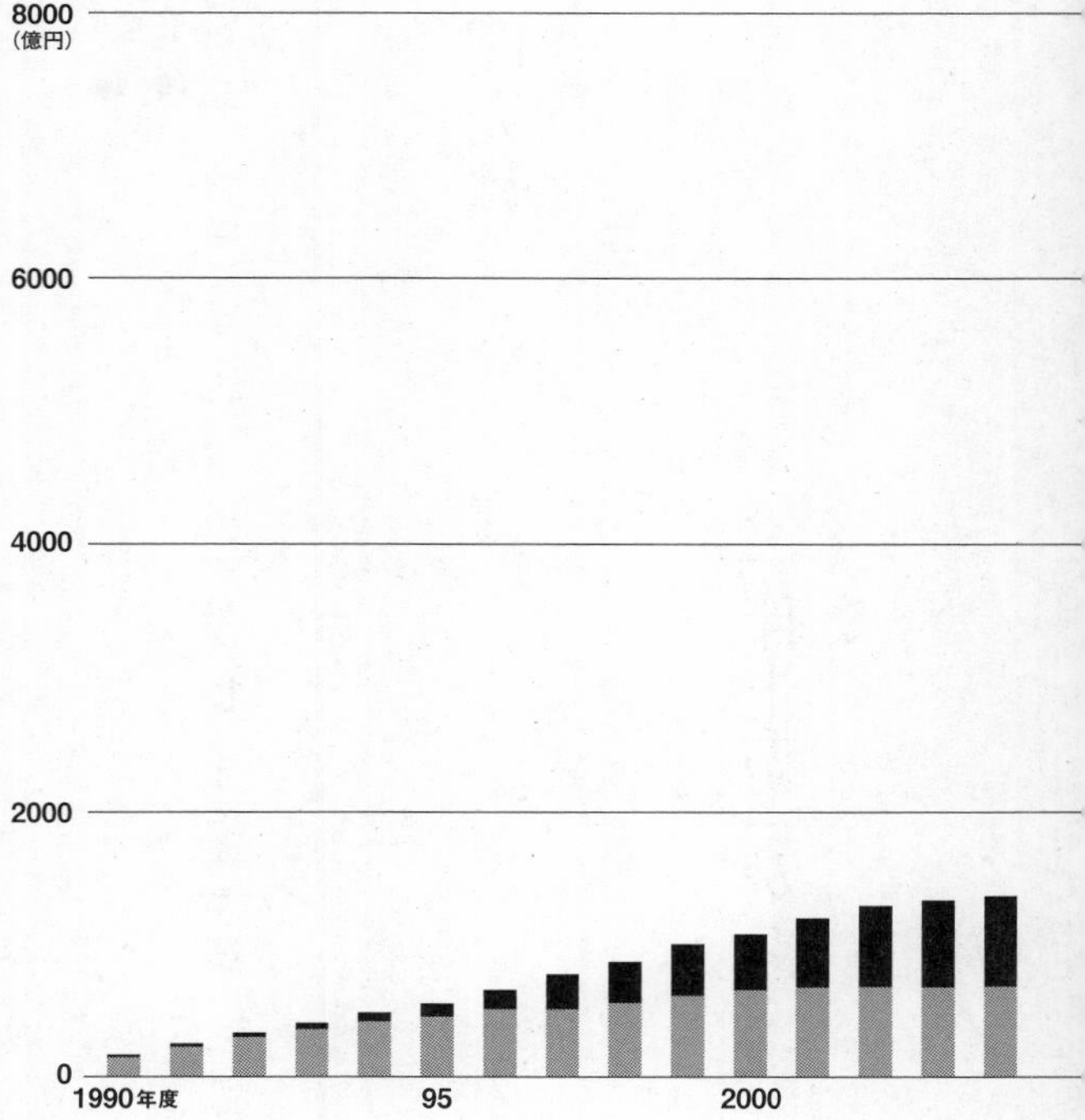

創業以来、ほぼ増収増益。リーマンショック、東日本大震災の年も業績を伸ばした

CHOICE 4

開発は

「伴走型」か

「リレー型」か

たくさんの新製品を作り、しかも売れる製品にするためには、ユーザーインの思想を組織に落とし込む仕組みが必要です。「ユーザーインの発想に立て」というかけ声だけでは全く担保されません。これをどう仕組みに落とし込むか。ポイントは伴走型の開発です。

一般に、多くの企業ではリレー型の開発体制を取ってきました。まず、商品企画部門がアイデアを出し、開発部門がプロトタイプに落とし込み、それを量産化する体制を生産技術・管理部門が構築し、営業部門が販売する。

このリレー型のいいところは専門性が生かされ、手間が少ないことです。開発部門は商品企画が持ってくるアイデアを待っていればいい。営業部門は出来上がった製品を売ることに専念すればいい。分業であり、流れ作業です。開発部門は開発のことだけ考えていればよく、営業部門は営業ノウハウを会得すればいい。人材教育の方向性も絞られます。

しかしリレー型は、本当に効率がいいのでしょうか。従来の延長線上の製品、他社で前例がある製品を作るときにはこの体制でいいかもしれませんが、イノベーティブな製品を作ろうとすれば、部門間で衝突が起きます。開発部門は企画部門に「そんな企画で売れるか」と迫り、製造部門は開発部門に「そんな設計で量産化ができるか」

と文句を言い、営業部門も開発部門に「そんなものが売れるか」と言う。個別最適で動くので当然です。一番の問題は、ユーザーのニーズから離れ、個々の部署の都合で動きかねないことです。

ユーザー自身も気づいていないニーズを深く掘り起こそうとすれば、また、ニーズにぴたりと合ったかたちでそれを商品化しようとすれば、デザイナーもエンジニアもプロダクト担当もセールス担当も、全員が製品のアイデア段階から関わらなければいけないはずです。いわば「伴走型」の開発体制です。これによって、企画が持ち上がったところから発売後の売り方まで、全員がユーザーのニーズを高い解像度で、しかも同じ解像度で見ることができます。そうすれば、ユーザーニーズからずれることはないし、開発スピードも速くなります。

アイリスの組織は事業部制です。生活用品、家電などの製品ジャンル別に事業部があり、その中には商品企画、研究開発、営業担当などのスタッフがいます。

このような事業部制、あるいはプロジェクトチーム制を採用している会社は多く、その開発体制は伴走型と似ているように思うかもしれません。しかし、それらの会社で社員がどう動いているかというと、リレー型の場合が多い。しかも、広報や財務などのサポート部門まで含めて、同時並行で動いている組織というのは、あまり聞きま

伴走型の開発

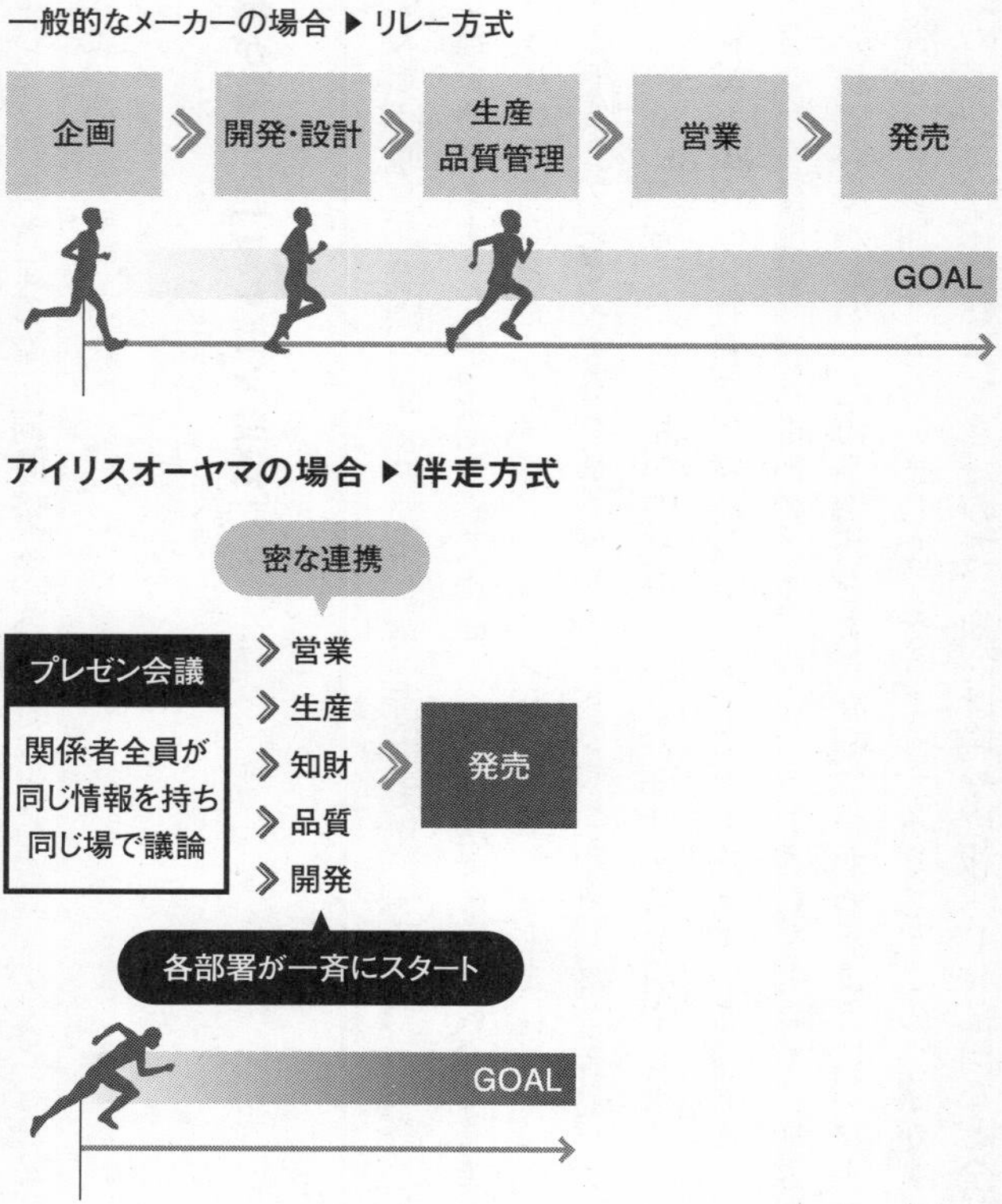

関係者が全員で議論しながら開発するので、課題解決のスピードが速い

せん。まして、経営者までもが同時に関わるというところまでいくと、極めて事例は少ないでしょう。

全部署が集まる「プレゼン会議」

アイリスでは毎週月曜に全部署の責任者が全員集まり、「プレゼン会議」という名の開発会議を開きます。収納用品や園芸用品、ペット用品、家電に至るまで、アイリスの2万5000点の製品はすべて、このプレゼン会議から生まれます。

1980年頃にプレゼン会議の原型がスタートしたときは、「開発会議」と呼んでいました。当初は私が考えた新製品の内容や意図を幹部社員に説明する場でした。そのうち事業領域が広がり、社員の提案を役員が聞くことも増えていきました。

最初のメンバーは開発・製造部門のマネジャークラスだけでしたが、販路別、顧客別に何が売れているかといった市場情報をより詳細につかめるように、マーケティング部門の責任者も参加してもらいました。そうこうするうち、この会議が製品開発のエンジンのような存在になってきたので、知的財産や広報、PR部門など全部門を集めたという流れです。

1つの案件につき、5〜10分で社員が次々とプレゼンテーションすることから、「プレゼン会議」という名称に変えました。午前中に決定したことが、午後の商談・業務に生かせるようにと、そのときに注力している事業から順にプレゼンがスタートします。あらゆる部門の人材が情報を共有し、同時進行で仕事を進めるプレゼン会議の詳細は次の通りです。

時間は、毎週月曜の午前9時半から、昼食を挟んで午後5時近くまで。場所は、アイリスの本拠地、宮城県角田市にある角田I．T．P．（インダストリアル・テクノ・パーク）内の会議室です。出席者は、月曜は他の予定を一切入れないのがルールです。事業の根幹であるプレゼン会議に集中するためです。

会議室はすり鉢状で階段式に席が配置されており、中央最前列に陣取るのは社長。以前は私が座り、社長を息子の大山晃弘にバトンタッチしてからは、彼が座っています。さらに役員全員、そして事業部、開発部、営業部、製造・物流部、品質管理部、知財・販促部など各部門のマネジャーを中心に総勢50人がずらりと後方に控え、遠隔地の東京や大阪、中国・大連工場などの関係者もテレビ会議で参加します。

こうして全方位を関係者に囲まれた中央のステージに、プレゼンをする事業部のマーケティング担当者や開発担当者が、あらかじめ決められた時間割に沿って入場し、製品の説明を始めます。後ろの席にいる人も、すり鉢状の階段式会議室なら、前のステージがよく見える。大勢の人が同時に最新情報に接し、同時に議論に参加できます。

実は、角田I．T．P．には7つの階段式会議室、その他全国の各工場にも階段式会議室があり、後述する幹部研修会などで使用しています。アイリスが、どれだけ情報の同時共有にこだわっているかが分かるでしょう。

「分かった。OK！」と10分で即決

プレゼン会議では毎回60案件前後が議題に上ります。プレゼンが始まると、室内は緊張感に包まれます。雰囲気を伝えるため、ある日の会議のやり取りを紹介しましょう。

私がまだ社長を務めていたとき、新製品の一つとして、天井埋め込み式のＬＥＤ照明が議題に上りました。住宅メーカーや電気工事会社向けに販売する新しい製品で

す。一通りのプレゼンを聞いた後、私は試作品を手に取りながら「お客さんの反応はどうや」とステージ上の担当者に尋ねました。

開発担当「施工しやすいと高評価をいただいています」

大山「そうか。どうやって薄くしたんや」

開発担当「制御部を分割して、脇に回路を埋め込みました」（担当者、カバーを開けて見せる）。

大山「特許は取れへんのか」

知財担当「方式が異なる先行特許がありますが、取得できないか検討します」

大山「競合商品に比べて価格優位性はどうなんや」

設計担当「はい、今は一部がダイキャスト製ですが、プラスチックに変更できればかなりいけます」

大山「プラ（プラスチック）にできたら競争力あるな。ＬＥＤ電球でやったように、アイリスの強みを生かせ。分かった。ＯＫ！」

「ＬＥＤ電球のように」とは、プラスチック成型が得意なアイリスがＬＥＤ電球で金属部品をプラスチック部品に変更し、大幅にコストダウンした過去の成功例を指します。「ＯＫ！」を合図に、社員が決裁書類を持ってくると、私は手元のはんこをポンと押しました。これがゴーサインの証し。プレゼン開始から決裁まで10分もたっていません。

新製品の開発提案からパッケージデザインに至るまで、アイリスではすべてが、プレゼン会議の議長である社長の決裁で進みます。開発に関することだけでなく、売り場デザインや販促キャンペーン、重要な得意先への納入価格の決定などもプレゼン会議で社長決裁です。

もちろん、「ダメ出し」をすることも多々あります。

同じ日、ＬＥＤ照明売り場のデザイン案が提出されました。担当者がレイアウトを詳細にプレゼンしますが、途中でいろいろ注文を付けました。

「もっとＬＥＤ照明の専門店らしくならんか」
「(空間が) もったいなさすぎるで」
「柱が邪魔してるんやないか」

プレゼン会議

毎週月曜に開く「プレゼン会議」。年間1000点以上の新製品はすべてここから生まれる

最後は「もう1回。再考！」と議論を打ち切りました。

この担当者は部署で再検討し、翌週以降にまた提案しなければならない。アイリスには約20の事業部があります。社長は全事業部の全案件を1日で決裁します。各事業部の持ち時間は数十分。次から次へと繰り広げられるプレゼンに対して、社長は「分かった。ＯＫ！」「分からん、もう1回！」という判断を即座に下します。この決断の速さが、年間１０００アイテム以上の新製品を生み出すアイリスの事業スピードに直結しています。

そのスピードは、取引先にもよく驚かれます。ある衣料品チェーンにＬＥＤ照明を売り込んだときのこと。受注すれば全店展開も見込める重要案件ですが、他社製との比較テストで評価が芳しくなかった。当時のＬＥＤ照明事業本部長は、衣料品チェーンの担当者からその話を金曜に聞きました。そこで週末に策を練り、翌週月曜のプレゼン会議で提案しました。

担当者「改良版を作り、案件を取りにいきたいと思います」

大山「やってみろ。光量を増やして影の出方を工夫したらどうや」

役員や開発陣と、その場で改善案を協議し、「出来たらすぐ持っていけ」という私の命で、午後に試作品を作り上げ、夜には顧客に持っていった。

金曜の夕方に問題点を話したら、月曜夜に改良品を持ってきた。そのスピードに衣料品店の担当者は目を丸くしたそうです。素早い対応が功を奏し、その後導入が決まりました。

プレゼン会議では、その場に開発部門や品質管理部門、特許部門など主要部門のマネジャー級が集結しているので話が早い。一同で協議し、議長である社長がOKを出せば、全部門が同時並行で即座に走り始めます。

典型がLED照明で、最初から大事業になると思っていたわけではありません。LEDの活用は園芸部門のイルミネーションから始まりました。そこからLED電球が作れるのではというアイデアが会議で出たのです。

当初は限定した生産量でしたが、東日本大震災後は節電需要に対応するため、LED事業部が毎週のように、朝のトップバッターでプレゼン会議に登場しました。午前中に決裁し、午後から社員が動けるようにするためです。

LED照明への参入は2009年8月と最後発ですが、法人向けの直管型のLED照明や、水銀灯を代替する高出力タイプなど新製品を次々に開発し、わずか3年で

LED関連製品は主力事業の一翼を担う製品に成長。プレゼン会議での超スピード開発が、成長の原動力になりました。最初は小さな種でも毎週、水をやっていれば、大きな木に育つのです。

プレゼンの仕方も教える

プレゼン会議では、短時間で要点を説明することを社員にたたき込みます。「報告はまず結論を。次に経過・理由を順序よく」。これがプレゼンの掟。例えば販促提案なら「販促費500万円を使いたいという提案です。このキャンペーンの狙いは……」という順序で話してもらう。スクリーンに投影する画面は、ひと目で判断できるように、1画面内に情報を収めます。表の中に無駄な情報や空白があれば「それ邪魔や。取れ」と一喝します。

この会議はアイリスの心臓部です。取締役会以上の意味があると言っていい。その中でもたもたしているプレゼンターには厳しく指導します。

販売予測や想定原価、投資回収の時期や利益といった収支の試算も示してもらいま

プレゼンテーション5カ条

1. はっきり、てきぱき、元気な声
2. 聞き手に分かりやすい言葉と内容
3. 初めに結論、内容説明は後にする
4. 発表はマトリクスにて計数化
5. 現場、現品、現状をビジュアル化

プレゼン会議の部屋に貼られた5カ条。短時間で的確に発表するスキルを求めるす。数字の詰めが甘いと、すぐ訂正を求めます。開発費をかけすぎて、儲かるはずの製品が、実は発売してみたら赤字を垂れ流すといった事態を避けなければいけないからです。

例えば金型費がいくら、設備機械がいくらかかるとかは、概算で構わないので全部提案してもらう。この製品に関してはこういう販売計画で、償却が何年なのでこれくらいの利益が出ますというシミュレーションを出した上で決裁する。

アイリスはメーカーベンダーとして約10万店舗と取引があるので、事前にある程度の情報は取れます。例えば、1000店舗には間違いなく納入されると見て、1店舗当たりこれだけのリピートオーダーが来ると、年間これだけの販売数になる、というように、細かい計画を出してもらう。それをもとに具体的な判断・指示をするわけです。

会議の各シーンで、社内各所の人間の知恵を結集して、明確な決断を下します。役員にとっても社員にとっても、月曜は気が抜けない。マーケット動向を注視し、売り方も決める。事業判断のほぼすべてを、プレゼン会議でしています。何千万円とかかる投資判断もプレゼン会議で一発で決裁します。

普通の会社のようにまず開発部門でアイデアを検討し、次に部長級が集まる会議、最後に役員会と何度も会議を重ねると、失敗しないための議論や現場の状況を判断できないトップのジャッジにより、ユーザーニーズとかけ離れてしまいます。アイリスでは毎週、トップから現場までが一堂に会して話し合うわけです。年間50回の提案機会がありますから、製品の新陳代謝が非常に高速になります。

プレゼン会議なくして会社は回らない。アイリスにとってプレゼン会議はスピード経営を実現するためのエンジン。事業そのものと言っていいでしょう。

ユーザーイン思想を共有する場

私はスーパーマンではありませんから、どの製品がヒットするかが見えるわけではありません。ただ、社内で一番キャリアが長く、いろいろな経験もしていますから、プレゼン会議の最終決裁者をしていた。「ユーザーにとって」ということが最初にあり、生活シーンでどのように使うか。これをみんなでイメージしながら、議論をします。

プレゼン会議は多数決では決裁しません。みんなは右だが、議長一人が左となったら、議長の意見を通す場合もあります。多数決では、決めることが目的化しますし、売れなかった場合、反対した人が賛成した人を非難します。

この会議は議長の責任の下、審議する場です。そこで話す内容は、担当者一人、議長一人の思い込みではいけない。単なる提案の場でもなく、多数決で決める場でもなく、ディスカッションをする場なのです。だから、アイデアがブレークスルーする。決裁した瞬間に、責任は議長である社長が負います。

ヒットしたら担当者の手柄、失敗したら議長の責任。こうしておくと、社員はチャレンジします。アイリスのこの会議をまねした会社はいくつかあると聞いていますが、特に大企業ではうまくいったところは少ないそうです。それはユーザーインの思想がぶれているか、議長が怖がって決裁しないか。そのどちらか、あるいは両方だと思います。

名だたる大企業ともなれば、優秀な社員がたくさんいます。ユーザーインに基づいた開発の種もたくさん組織内に存在するはずです。しかし、それが課長会議にかかり、常務会にかかり、役員会にかかる。3段、4段とフィルターを重ねるうちに、最後に判断する人が「それで競合に勝てるのか」と問いかける。要するに、失敗したくないわけです。既に売れている製品は比較的ジャッジがしやすい。売れるか売れないかは出してみなければ分からないという製品はジャッジをしたくない。それではユーザーインの製品は世に出ません。

トップに技術的な専門知識がなくてもいいのです。知識がない分野ならば、社員に「おまえを信用していいか」と聞けばいい。責任は議長が負うのですから、売れなくても、担当社員を降格はさせません。もう1回チャレンジさせる。でも、2回も3回も同じような製品で失敗すると、新しい担当にチェンジする。

情報と決裁を「見える化」

この会議を私が仕切っていた頃には、「これだけテンポよく物事が決まる会議は大山でなければ機能しないのではないか」「大山がいなくなったら、アイリスはどうなるのか」と言われましたが、それは誤解です。プレゼン会議は誰かのパーソナリティーで回したら失敗します。仕切り役の人の好みに合わせるために、毎週、猛スピードで開発案件を回してくれるほど、社員は暇ではありません。

また、1つや2つの製品なら、トップの感性でヒットすることもありますが、何十、何百となると無理です。製品が売れなければ利益率も上がらず、新製品比率も高まらず、会社は衰退します。この会議の議長は、パーソナリティーを排除することが重要です。ユーザー目線でジャッジすることに徹するのです。

私は情報共有さえしっかりしていれば、企業戦略の根幹に関わる買収などの案件でない限り、誰がジャッジしても結論はさほど変わらないと思っています。会議では皆で同じ情報を共有します。だから、事前の根回しは一切禁止。「来週、こんな提案をしますのでよろしくお願いします」といった事前交渉には一切応じない。

開発を早く進めたい社員が、「プレゼンで通らずに作り直しになったら時間をロスするので、事前にサンプルを社長に見せて、反応を確かめよう」という気持ちを持ちたくなるのも理解できないわけではありませんが、一切禁止。情報の偏在は、開発力を減退させます。プレゼン会議の場で社長だけが知り、ほかの参加者は知らないという情報は1つもありません。

議長はその公開情報に基づき、「これが最も合理的だ」と思う判断をしているだけです。さらに、決裁の理由や疑問点も必ず話します。いわば、情報と決裁を「見える化」しているわけですね。ですから誰が議長でも、理にかなった判断をすれば、大方が納得する決定ができる仕組みになっています。私が会長になってからは、社長が議長をしていますが、全く問題ない。見方を変えれば、この会議は事業承継の仕組みでもあるのです。

開発案件で根回しを認めている会社はやめましょう。社員の目線がユーザーから離れ、議長を見るようになるからです。そして時間の無駄です。プレゼン会議のような公開議論・決裁の仕組みを検討してください。業種を問わず、どの会社でも導入可能です。

プレゼン会議の特長を改めて整理します。

1　社長が決めるから速い

何カ所も稟議書を回して決裁すれば、時間のロスを生みます。最初から社長決裁にすれば経営のスピードは格段に上がるし、社員は迷うことなく思い切って動けます。提案、ブラッシュアップ、再提案の繰り返しで、おのずとプレゼン内容にも磨きがかかり、結果的に製品開発のスピードを速めることにつながります。

製品によっては大きな設備投資も発生し、失敗するリスクも伴う。これはトップが判断するしかないのです。計画通りにいかなかったらトップの責任。大ヒットしたら担当者の功績。このようにしないと、社員は石橋をたたいて渡らない。リスクのある開発をしないのです。

2 その場で問題解決するから速い

プレゼン会議には開発、製造、品質管理など各部門の責任者が一堂に会するので、問題の多くがその場で解決できます。社員は各持ち場から意見を述べます。役割分担して短時間ながら要領よく話し合い、社長が最終判断を下す。これが会議のテンポの良さを生んでいます。

3 社長の考えが全員に伝わるから速い

「もっとユーザーの目線で考えろ」「どうすればアイリスの強みが生かせるか考えろ」。議長はこうしたセリフを何度も繰り返します。ユーザー目線の考え方を植え付けるためです。私自身、開発中の製品は可能な限り、自宅に持ち帰って実際に使ってみます。無加水調理鍋を開発したときは「女房に作ってもらったらカボチャがすごく甘かった。無加水で作るとおいしい食材を一覧にして、レシピを小冊子で配布したらどうか」と指示しました。

プレゼン会議は、こうした話を紹介しながら、売れる製品の作り方、売り方のコツを社員に伝える場でもあるのです。社員は時に怒られながらも、プレゼン会議での社長や幹部の発言から「開発の思考回路」を学びます。根回し禁止で、情報共有や決断のプロセスにブラックボックスがないので、社員も社長のロジックを理解しやすい。こうして社長の分身を増やし、優れた商品企画を量産しています。

4　毎週実施するから速い

いい企画をひらめいても、次の会議までしばらく手元に置いておく――。毎週会議を開けば、そんな本末転倒も起こりません。プレゼン会議で重視するのはテンポです。その場で次々に決断するリズム感は、そのまま社員に伝わり、ダメ出しされても1週間でブラッシュアップする。思い立ったらすぐ集まって話ができるように、アイリスの社内各所には「立ち会議」の丸テーブルがいくつも設けられています。いちいち会議室を予約していたら、とても間に合わない。

毎週会議をするから、半年ごとに製品を世代交代する離れ業も可能になる。LED電球はわずか2年の間に、中身が「第4世代」に変わりました。最初はアルミ筐体、第2世代で筐体をプラスチックに変え、第3世代で回路を変え、発光効率を高めるといった具合です。会議の頻度が、新陳代謝の速いものづくりを可能にするのです。

開発部門の会議も高速で回る

プレゼン会議以外の日はどのように開発現場が動いているのかを話しましょう。

開発部門は、家電や園芸用品などの分野ごとに約10人ずつのチームに分かれています。企画提案は新入社員を含む全員に求められます。そんな開発部門内で情報共有の要となるのが、「開発週次ミーティング」。毎週火曜と水曜に、角田工場と家電の研究開発拠点がある大阪・心斎橋オフィス、中国・大連の工場など関連拠点をテレビ会議で結び、開発担当専務の仕切りで、製品開発の議論をします。

内容は多岐にわたります。新製品の企画の詰めや開発の進捗状況の確認、既存製品の改良提案など。1チームにつき1時間、スケジュールが遅れているなど重要度と緊急度の高い案件から順に話し合います。

スピード重視のため、会議中は全員が立ったまま。専務は2日間立ちっぱなしです。心斎橋オフィスは会議室が狭く、2フロアに分かれてミーティングを開きますが、それらの部屋をわざわざテレビ会議で結んでまでも全員参加にこだわります。後で伝えると情報が劣化したり、勘違いが出たりするので、それを避けるという意味もありますが、会議の雰囲気や熱気を全参加者に等しく感じてほしいからです。同じタイミングで情報を共有できれば、入社年次や役職に関係なく、担当者が専務と直接コミュニケーションできる利点もあります。

新入社員も役員も一人の生活者として朝起きてから夜寝るまで、家電や日用品を使う。その中で不満を感じたら、それを解消する製品を提案します。アイデア出しは誰でも平等。組織が大きくなると、どうしても意思統一が図りにくくなりますが、アイリスは役員と社員が非常に近い距離にあります。開発部門内での議論を経てブラッシュアップした企画がプレゼン会議での提案に進むのです。

ただし、これは社長交代をする前のフローです。アイリスでは私の社長時代も、息子に代わってからも、しょっちゅう仕組みを見直します。同じ仕組みが長年続いていると、どうしてもマンネリ化する。だから少しでも課題が見つかれば仕組みをどんどん変えます。もちろん、ポイントはずらしません。この開発会議でいえば情報共有です。アイリスでは情報共有を表層的なものにはせず、全員が同じレベルの情報を同時に持ちます。

ユーザーイン思想を育む場

プレゼン会議は、開発案件を高速で回すだけではなく、ユーザーの目線を共有するための仕組みでもあると言いました。情報共有であり、意識共有の場。だから、リアルタイムで場を共有することに大きな意味があるのです。

その場にいる各部門の責任者たちは、ユーザー目線でバンバン質問を浴びせます。実は、ユーザーインが理解できていない社員は、話の焦点が定まらないからプレゼンも下手。経営陣の質問にきちんと受け答えできない一方通行のプレゼンは、厳しく指導します。

逆にユーザーインの視点があれば「7割方は失敗しそうだな」と思った提案でも、あえてやらせることがあります。たとえ失敗しても多くの場合、損害は知れたものですし、失敗の理由を考え、次に生かすことが本人の成長につながるからです。こうしてユーザーインの発想が組織に行き渡ると、売れる製品がどんどん作れるようになります。

ユーザーインの視点は数字でも裏付けを取ります。通常、工場から出荷した製品がどこにどのように流れているかは細かく分かりません。しかし、アイリスはメーカーベンダーなのでそれが分かります。

アイリスの配送システムは、小売店のＰＯＳ（販売時点情報管理）をもとにした発注システムとつながっているので、いつ、どの店舗にどの製品が何個入ったか、そして消費者がいつ購買したかという情報が手に取るように分かります。野球で言えば、バッターがキャッチャーのサインを見ながら、バッターボックスに立っているようなものです。そのデータを全国規模で分析すると、日本の消費トレンドが見えてきます。プレゼン会議で議論・判断をするときには、こうした強力なバックデータがあるわけです。もちろん、需要創造型の新製品は発売してみなければ販売数は読めません。でも、リアルタイムのＰＯＳ情報をベースに仮説を立て、販売予測を行う。加えてユーザーイン思想の組織浸透度も他社をしのぐレベルだから強い。

アイリスのユーザーインの「仕組み」がご理解いただけましたでしょうか。かけ声なら簡単ですが、仕組みにするのは難しい。しかし、仕組み化しなければ、経営ではない。固有の技術があったとしても、それがいつまでも続く保証はない。必要なのは、売れる製品をたくさん生み出す固有の仕組みです。仕組みがなければ、いかなる時代環境でも、利益を出すことはできないのです。私はオイルショックの後、時間をかけて、この仕組みをつくってきました。

作り手の発想が染みついた組織を、使い手の発想が浸透した組織に変える作業は想像以上に大変でした。組織というのは放っておくと楽なほう、つまり自分勝手な経営に重心が寄ってしまうものなのです。実際、多くのメーカーが今もなお、良いものを安く作ればいい、というミスマッチした思い込みに陥っています。

一方、昔のオイルショックのときも、今回のコロナショックも、ユーザーのニーズに合わせた商売をしているところは、しっかり利益を出しています。

アンケート調査では需要創造はできない

ユーザーインは、経営においては極めて重要です。プロダクトアウトの時代にユーザーインが存在しなかったのではなく、大量生産・大量供給そのものが、ユーザーのニーズだっただけです。ユーザーニーズの変化については、マーケティングの第一人者とされるフィリップ・コトラー氏が4段階で表現しています。

供給者主導の「マーケティング1・0」の時代が終わり、消費者主導の「マーケティング2・0」になった。アイリスはまさにそれを実践するため、経営の仕組みに落とし込みました。そして「マーケティング3・0」は企業の社会的価値などで消費者は商品を選別するようになったという。「マーケティング4・0」は顧客の自己実現を支援するものです。それらはマーケティング2・0を否定するのではなく、付加されるものです。

アイリスも生活者の視点に、社会性をより取り込んでいくことになるでしょう。コロナ下でのマスク供給も、結果としてアイリスの知名度、信頼度というブランド価値を高めたと認識しています。アイリスは「ジャパンソリューション」を掲げ、日本の課題解決を図る製品にも力を注いでいます。農業を支えるコメの商品開発・販売に乗り出したのも、その一つです。

ただ現実には、消費者主導の経営は多くの企業で十分にできていません。コトラー氏の理論などを頭で理解しているだけで、マネジメントの仕組みに落とし込んでいない。かつて日本はアジアの盟主で、しかも人口が増加していましたから、海外で安い製品を作って持ってくれば、企業は食べられた時代が長かったのです。

それが通用しなくなっているのに、いまだマーケティング1・0のマネジメントをしている企業がよく見受けられます。言葉では「ユーザー目線」などと言っていても、仕組みに落とし込んでいない。まさか、アンケート調査をしただけで「当社はユーザーの意見を取り入れている」と本気で思っているのでしょうか。

マネジメントを変えなければ、消費者主導の経営をしているとはいえないのです。

2章

市場創造力

流通を主導し、顧客と結びつく仕組み

CHOICE 5

「自社の強みに絞る」か

「自社の強みを絞らない」か

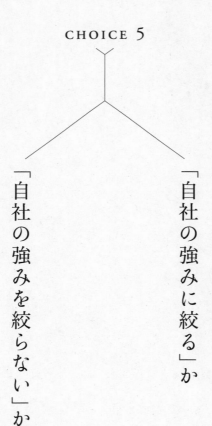

ユーザーインで需要創造型の製品を開発しても、特に新興メーカーが新しい製品を売ろうとするときには、2つの壁が立ちはだかります。

まず、問屋の壁。問屋にしてみれば、売れるか売れないか分からないものはできれば扱いたくない。そこで最初のふるいにかけられます。

次に、小売店の壁。バイヤーにとって、今まで見たことがない新しい製品を扱うのはリスクです。自分の判断で仕入れた製品のせいで売り上げを落としたくない。そのため、ヒットの可能性を秘めた製品より、確実に売れそうな製品を求めがちです。

この2つの壁を中小企業が突破するのは大変です。中堅・大手企業であっても、流通の主導権を持っていなければ、新機軸の製品はなかなか店頭に並びません。

私はオイルショックで会社を潰しかけた経験から、会社をメーカーベンダーに転換させました。問屋の機能を持った製造業という意味です。問屋としての役割も小売店から求められるため、品ぞろえの多さや細かな店舗フォローは必須。メーカーとは違った苦労を味わいましたが、その代わり「問屋の壁」はなくなる。アイリスの歴史において、メーカーベンダーに転じたことは大きな意味を持っています。

本章では、その意味を深掘りすることで、市場を創造する仕組みについて考えます。

ホームセンターとタッグを組む

きっかけは、オイルショックから約10年後、1980年代半ばです。

経営危機に陥った会社を一から立て直すため、私は園芸用品に着目し、プラスチックの植木鉢を投入したことは前述の通りです。しかし、園芸用品にも弱みはあります。季節変動要因が大きく、お客様が欲しい4、5月頃は常に欠品している状態となっていたのです。当時は、問屋を通して、金物店や生花店に流れるルートが主流でした。問屋は売れ残りを恐れてメーカーへの発注を控え、ピーク時に十分に製品を供給してくれません。また、これまでにない提案型の新製品を流通させせようとしても嫌がられました。売れるかどうかが分からない新製品よりも既存製品を扱ったほうが確実に売れるので、在庫リスクを取ってまで積極的に扱ってくれないのです。ユーザーインで需要創造型の製品を作っても、店頭に置いてもらえなければ意味がありません。

そこで私は当時、急速な勢いで成長していたホームセンター業界に着目しました。1980年頃のホームセンターは、郊外に店舗を構え、木材や金物などを品ぞろえし、ＤＩＹ（ドゥ・イット・ユアセルフ）需要を創造していました。植物の種に水や肥料をあげて育てるのも、言ってみればＤＩＹです。大量仕入れによる低価格販売を目指していたホームセンターは、商品調達に苦労していました。園芸用品で新たな道を歩み始めたアイリスにとって、ウィン・ウィンの関係で成長できるパートナーになれると読んだのです。

ホームセンターをメインの販売チャネルとして、問屋を通さず直接取引を始めることで、順調に売り上げは伸び、ホームセンター側も私たちが開発した新製品を喜んで置いてくれました。例えば、植木や芝生に水をまくために使うホースリール。以前はスチール製が主流でした。アイリスはプラスチック製で軽量、さらに水漏れしない画期的なパッキンを採用した新製品を開発。販売すると、製品の良さと値ごろ感が消費者に伝わり、品切れになるほど爆発的にヒットしました。

このホースリール以外にも、今では当たり前に売られている製品を数多く、アイリスは最初に世に送り出しました。それができたのも、ホームセンターと直接取引をして、需要創造型の製品を店頭に並べることができたからです。

ところが取引額が拡大すると、ある問題が生じました。ホームセンターから「取引額が問屋を上回る規模になった。問屋と同じサービスをしてほしい」と求められたのです。

ホームセンターは商品配送や店頭陳列、売り場の改装や新店の開店準備など、ありとあらゆる業務を問屋に任せていました。アイリスはプラスチックの加工技術を強みにする製造業です。問屋業務などやったことがない。決めかねていると、「同じサービスができないなら問屋を通してほしい」とプレッシャーをかけてきました。

問屋の機能も持つとなれば、全国に営業所や物流センターを配置し、ホームセンターの各店舗をきめ細かくフォローできる体制を整えなければなりません。営業コストの上昇を吸収できるのか。そもそも、宮城のローカル企業が全国各地で必要な人員を採用できるのか。不安要素はたくさんありました。

当面の効率だけでいえば、問屋経由の商売を選択したほうがはるかにラクです。社内で意見を求めると、皆、問屋経由のほうがいいと言う。しかし私は、メーカーベンダーへの業態変更を推し進めます。決め手になったのは、やはりオイルショック時の反省です。

オイルショックのとき、もともと問屋に200円、300円で売っていた育苗箱が、100円を切りました。「利益が出ないのでその値段では無理です」と問屋に伝えても、「それならば、他メーカーから仕入れます」と言われました。ユーザーは100

円を切る育苗箱が欲しいわけではないはずなのに、マーケットの供給過剰により、値段が切り下げられていく。

味方と思っていた問屋との信頼関係が失われ、一瞬にして利益や販路が消え去ってしまいました。あの時代、問屋自身も生き残るためにそうせざるを得なかったのですが、経営において、何かに依存することは極めて危険であり、主導権を持つことの重要性を痛感しました。

問屋を中抜きするメーカーや小売店は、最終価格を下げることを狙うケースが多いようですが、アイリスの場合は、問屋に依存することによる販路消失リスク、問屋に依存しないことによる市場創造力が第一義でした。消費者が求めるものを、流通の都合で欠品することはしたくない。消費者が潜在的に欲しているものを開発して届けたい。マーケティング重視の経営を貫くには、自らの業態を変えるしかないと判断したのです。

また、店頭活動にまで責任を持つということは、生活者の目線がますます大切になります。消費の最前線である売り場の状態を把握し、得意先と信頼関係を築き販売情報を受け取ることにより、生活者のニーズを迅速に製品開発や販促提案に反映できます。メーカーベンダーとは、マーケティング力を強化するための仕組みでもあると考えました。

素材・技術を限定しないメーカー

アイリスはいくつものオンリーワン商品を持っていたので、メーカーベンダーへの転換はほとんどのホームセンターに好意的に受け止められました。メーカーベンダーが、いかなる時代環境でも利益を出すためには必要であるという確信の下、必死に経営のあり方を変えていきました。「必死に」という言葉をあえて使ったのは、そのマネジメントがメーカーの常識から完全に外れたものだったからです。

通常、メーカーは素材や技術、製品群ごとに存在しています。鉄鋼メーカー、石油化学メーカー、衣料メーカー、自動車メーカー、家電メーカーといった具合です。それはメーカーが自社の強みを重視するからです。アイリスもその時点ではプラスチック加工メーカーでした。

しかし、ベンダーになると、それは認められません。なにしろ、小売業は問屋に品ぞろえを求めます。ベンダーはその要望に応えなければならない。メーカーに加えて問屋機能を持つと、プラスチック製品だけというわけにはいきません。金属製品でも木製品でも紙製品でも、小売店から求められれば納入しなければならない。さまざまな素材・技術を組み合わせるメーカーに変貌することが求められるのです。

そんなことが可能なのか。

また、営業の現場では産みの苦しみを味わいます。「本当に問屋同様のサービスができるのか」と懐疑的に見る他の小売店のバイヤーも少なくありませんでしたし、取引が消滅する問屋との交渉は、当然ながら穏やかには進みません。問屋外しは日本の商道徳に反すると非難され、痛烈な言葉や大量の返品に営業社員は苦しい思いをしました。

それに、問屋相手の取引であれば、製品は「ケース単位」の出荷でいいけれど、ベンダー機能を持ち、大きなバックヤードを持たないホームセンターとの直接取引となると、売り場で売れた分だけという「製品1個単位」の発注形態になります。当時、これに一つ一つ対応していかなくてはならない営業や物流部門からは悲鳴が上がり、「問屋経由に戻すべき」「出荷単位を大きくしてもらうべき」など、社内はちょっとした騒動になりました。

業態転換は経営のあらゆる側面を変えることを意味したのです。

誤解されやすいのですが、メーカーベンダーは「メーカー直販」とイコールではありません。メーカー直販は問屋を通さずに、小売店に売ることであり、問屋機能を持つという意味ではありません。大手メーカーがグループ内に販売会社を持っていることがありますが、これもメーカー直販とほぼ同じです。小売店にとって、問屋として機能している会社なのか、それとも単に直接納入するメーカーなのか、この2つは全然違います。「製造卸」という言葉もありますが、多くの場合はメーカー直販の意味で使われていると思います。

180度変わった営業社員教育

問屋の役割を社内に取り込んだアイリスは、ホームセンターとの新たな信頼関係を構築するためにも、月間で最低100店以上の訪問をしようと営業方針を決めました。当時、ホームセンターが取り扱う品目は3万~5万点に上り、すべての品目をホームセンターの限られた人員で管理することはもはや不可能でした。売れ筋商品の品切れやアピール不足があっても気づかずにいれば、販売チャンスを逃してしまいます。

そこでアイリスの営業が足繁く臨店し、製品の売れ行きや在庫、売り場や販促POPの状況をチェックするとともに、欠品や発注漏れなど、売り場の乱れを防ぐための支援をしたのです。一般の問屋は自前配送ですが、アイリスの配送機能は外部の運送会社に任せています。配送のついでではなく、サポート目的で営業部隊が全国を回りました。

問屋営業をしていたときの営業社員の教育方法と、メーカーベンダーになってからの教育方法は180度変わりました。以前の優秀なセールスマンは生産された製品を計画通りに販売し、小さな発注を避け、アイリスの適正ロットに合わせることが腕の見せどころでした。それがメーカーベンダーになった途端、たとえ一品の注文でも受けて、いかに数を増やすかという考え方に変わりました。

もちろん、受け身で注文を取るようなことはしない。大事なのは新製品の紹介・提案です。毎月、新製品が出るので、それをしっかり売る。採用してもらうだけでは駄目です。例えば、1000坪のホームセンターがあり、そのうち20坪にアイリスの製品の売り場があったなら、「この20坪はうちの店と考えよ」と営業に指示します。

営業社員が売り場づくりの提案をし、品出し応援をし、売れ筋チェックをし、フィードバックをする。アイリスでは製造・問屋・小売りが一体となっています。たまたま資本が違うが、売れるまでの間は最後まで私たちが面倒を見る。ですから、押し売りは一切しません。2002年からはセールス・エイド・スタッフ（SAS）という仕組みも始めました。十分な商品知識を持ったスタッフを店舗に派遣し、店頭で接客し、販売支援を行うのです。

私たちの売り上げはレジを通って初めて、本当の売り上げです。店の在庫も流通在庫という考えを営業社員に根づかせました。

消費者の利用シーンに合った素材展開

さて、プラスチック加工以外の技術をどのように身につけていったのか。外部企業と提携し、製品を融通してもらう選択肢もあるでしょう。あるいは下請けに発注する方法もあります。アイリスではそうした選択は極力せず、社内に新しい製造機械を入れていったのです。

理由は、内製化したほうが売れる新製品を効率的に出せるからです。外部企業といちいち交渉していたら、ユーザーニーズを取り逃がします。あちこちの下請けにその

メーカーベンダーの概念図

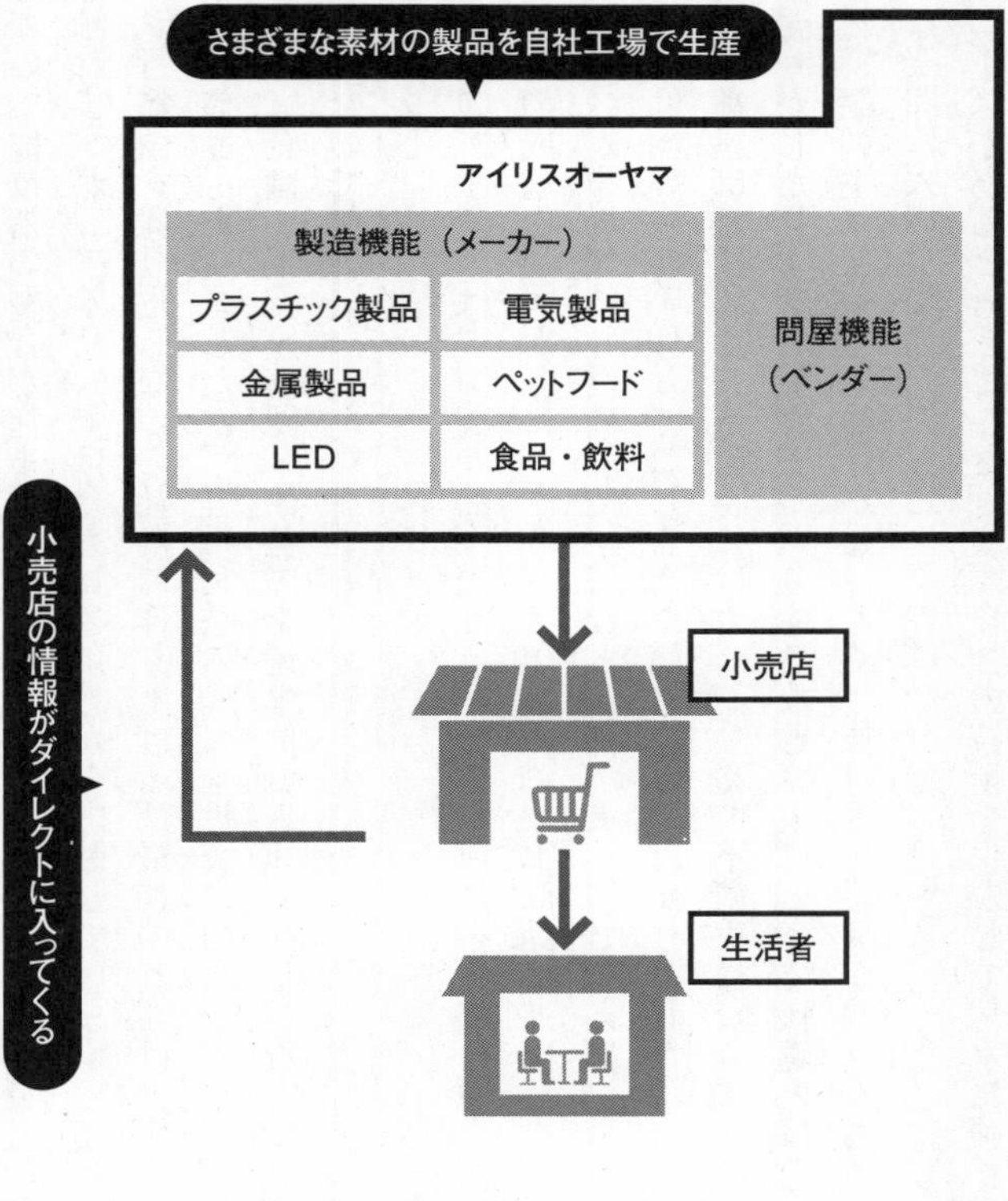

問屋機能を包含した業態は、小売店・生活者とダイレクトにつながるのが強み

都度発注していては技術の融合が進まず、ユーザーニーズの対応に限界が生じます。

3章でも触れますが、アイリスでは今もビス1本から内製しています。初めて作る製品でも、試行錯誤を繰り返しながら社内で作り上げる。最初のうちは、すぐに対応できない素材の製品もありましたが、経常利益の50%を投資に回しながら、プレゼン会議でPDCA（企画・実行・確認・改善）を週単位で高速で回し、着実に品ぞろえを増やしていったのです。

具体例を挙げましょう。

1980年代のアイリスは、園芸商品が売り上げの7割前後を占める主力商品でした。園芸商品での成功を足がかりに、1987年にはペット商品に進出します。実は犬小屋はアイリスが市場創造した商品です。ひと昔前、犬小屋といえばベニヤ板製の市販品、あるいは飼い主が手作りでこしらえた簡素なものばかりでした。

ベニヤ製の犬小屋は水に弱く、梅雨時にはカビが生えて不衛生になります。手作りの犬舎も雨漏りがしたりすきま風が入ったりするなど、犬にとって快適とは言いがたいものでした。飼い主にとっても掃除がしにくく、抜け毛や悪臭が残りがちでした。

そのような空間に大切な愛犬を閉じ込めるのはかわいそうです。アイリスはそこに、ユーザーのニーズがあると考えました。まず自社の技術を生かして、水に強く、汚れても水洗いができるプラスチック製の犬小屋（商品名「ボブハウス」）の開発に着手。製品化には多額の金型投資が必要でしたが、「ペットはファミリー」という思想が愛犬家に受け入れられると信じ、リスクを恐れず市場創造に挑戦したのです。

赤や青のカラフルな屋根と清潔感のある白を組み合わせたデザインも高く評価され、ボブハウスは発売当初から爆発的にヒット。ボブハウスの登場で、世の中の犬小屋の主流は一気に木製からプラスチック製に置き換わっていきました。

ボブハウスはプラスチック製ですが、そこにとどまることなく、消費者の利用シーンに適した素材の犬小屋を開発していきます。エクステリアとしての質感を重視する人には、木製のログハウス風、室内用には布を使ったクッションハウスと、素材の枠を超えて製品を展開しました。こうして蓄積した、多様な素材を使った開発ノウハウを収納用品や園芸用品など、カテゴリーの枠を超えて生かしていくことで、製品開発の速度は年々スピードを上げたのです。

ホームセンターからのアイリスに対する期待はさらに高まり、ペット用品市場での成功後、１９８８年には収納・工具部門、１９８９年には文具・事務用品と、次々に新しい分野の製品開発が進みます。「ホームセンターと共に成長する」ことを経営戦略の第一に掲げ、両者の経営には明らかに好循環が生まれていきました。

デパートメントファクトリー

こうした製品展開は、経営の常道から外れるものだったといえます。製造業は技術に立脚し、自社の強みとする技術を軸に展開するものとされてきたからです。確かに、多様な素材や技術を使うのは一見非効率です。けれど、アイリスは消費者目線で作り続けました。

その象徴が中国・大連の工場です。自称「デパートメントファクトリー」。生活シーンに基づいてトータル提案をすることが重要な経営戦略になると考え、1990年代半ばから中国工場に積極的に設備投資をし、製品の品ぞろえをさらに強化してきました。

1997年に、ガーデニング用の木製ラティス、その廃材を生かした木製猫砂、さらにペットサークルやプランタースタンドといったワイヤー製品の生産を始めました。2000年には、木製組立家具の生産をスタート。その後もペットフードやペットシーツ、培養土やマスクなど、さまざまな製品のラインを加えています。

現在、大連工場では61種類の製造原価明細書があります（蘇州・広州工場を含めると68種類）。非製造業で働いている人のために説明しますと、損益計算書の製造原価の内訳を記したものが製造原価明細書です。ジャンルが異なる製品を一緒にはできないので、その場合は別々の明細書を作ります。例えば食品を作るときの原価の明細と、家電を作るときの原価の明細が一緒になっていると意味をなさないからです。つまり、アイリスの大連工場には、実質的にその中に、全く別々のものを作る61種類の工場があるということです。これは他社ではまず例がない。

61のラインごとに分業しているわけではないので、働いている社員は多能工です。そして、工場内の生産設備・ラインの立ち上げを担うのが生産技術部の自動化ライン専門のスタッフ200人です。別業種のラインを立ち上げるときは、常に手探りでの挑戦です。

猫砂のラインを立ち上げたときには、研究所でのシミュレーション通りに粒が固まらず、多額の資金を費やした第一号機は「失敗作」として解体されてしまいました。ワイヤー製品の加工を始めた頃には、金属の反発現象への対応が難しく、曲げ加工に大苦戦。ペットシーツのラインを立ち上げた際には接着の不良が出て、小売店からコンテナ数十本の返品を受けたこともありました。設備の設置認可を受けるための行政

金属

不織布（マスク）

木製品

中国・大連の「デパートメントファクトリー」

家電

LED照明

プラスチック

中国の大連では、さまざまな素材を使って生産。製造原価明細書は61種類にも上る

とのやり取りなど、設備そのもの以外の苦労も数多くありました。誇張でも何でもなく、本当に失敗の連続でした。

けれど、どんなに失敗しても方針は変えません。「知らないことをなくしなさい」と、中国人・日本人のエンジニアを、世界各国の展示会に行かせてきました。そうして新しい技術を覚えさせて、中国の大連工場をデパートメントファクトリーへと導いたのです。

さまざまな素材の加工技術を蓄えることで、今では応用力を利かせて、どんなジャンルの製品でもスピーディーに生み出します。ペットシーツの案件で学んだことが、マスクのラインに生かせますし、何か新しいことを始めるとなったときにも、社内の誰かが何かしらの経験・ノウハウを持っていることがほとんどです。

2017年から、アイリスは建築内装事業を始めました。建装事業を目的に商品群を広げてきたわけではありませんが、LED照明を見学に来られたゼネコンの担当者から「金属製品も木材製品も作っているなら、まとめて供給してほしい」と言われたのがきっかけです。床材や壁材などは自社で作れますし、照明などを含めて家の中のものはほぼ提供できます。

建築・住宅分野は産業のすそ野が広いといわれますが、それはアイリスがメーカーベンダーとして手掛けてきた設備・製品の幅広さが全部生きてくる市場です。

物流拠点の中に工場がある

問屋機能を持つには、小売店への配送網も必要です。そこで、メーカーベンダーに切り替えた翌年から、東北エリア以外にも拠点を広げていきました。

１９８７年には兵庫県・三田工場、１９９０年には佐賀県・鳥栖工場、１９９２年には既存の大河原工場とは別に宮城県内に角田工場を、１９９４年には北海道工場と、２、３年おきに工場を新設。そして１９９７年の静岡県・富士小山工場の完成により、主要地域のホームセンターを半径３００キロ以内でカバーする日帰り圏内に収めたのです。その後、２０００年からの3年間で滋賀県・米原工場、埼玉工場を加え、２０１８年には9つ目となる茨城県・つくば工場を建設し、関東・関西の大市場の配送網をより強力なものに進化させました。

アイリスの工場は、生産拠点であると同時に物流拠点を担っています。メーカーであれば、「いかに効率よくものづくりができるか」を考えて、工場立地を決めるのが一般的です。　生産効率だけを考えれば、全国に9つもの工場を持つ必要はありませんでした。

しかし、メーカーベンダーとして顧客ニーズに応えることを考えると、必要な拠点数が異なります。小売店の立場で考えれば、売れたもの、欲しいものを迅速に供給してほしい。そのため工場建設地は、物流立地の視点で選定。高速道路のインターチェンジ、それも四方に道が分かれるジャンクションへのアクセスを意識して場所を探しました。

また、各工場には大規模な自動倉庫システムを導入しました。コンピューター制御された機械が自動で入出庫する倉庫です。現在では54万パレットを超え、最大規模の自動倉庫を運用する会社に成長しました。この自動倉庫を生かすことで、各工場では取り扱いアイテムを限定せず、すべてのアイテムが在庫できます。

そして、配送エリア別にトラックを停車できるスペースがあり、9工場合計で1日600台のトラックが製品を小売店に向けて運搬します。アイリスでは、工場に物流機能が付いているのではなく、物流センターの中に工場をつくるという考え方をしています。この全国をカバーする強力な物流体制があるからこそ、ネット通販が拡大して、通販事業者への商流が急増しても、素早く対応できたのです。

多様な製品を多様な素材で作る

問屋機能を持つことで、種類や素材に縛られない、多彩な開発力を身につけてきた

CHOICE 6

強みは

「固有の技術」か

「固有の仕組み」か

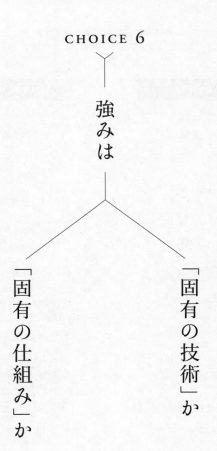

さて、アイリスがメーカーベンダーという業態に転換したことが正解だったか、失敗だったかは明らかでしょう。

本当の意味でマーケティングに立脚した会社をつくろうとすれば、ユーザーインの需要創造に加えて、製品をユーザーに確実に届ける市場創造の仕組みが必要なのです。その確立が一筋縄ではいかないことは覚悟しなければいけませんが、それによって得られるものはとても大きい。あなたは、この価値をどこまで理解できるでしょうか。

メーカーベンダーは経営効率の面からいえば、非効率と考える人も多いはずです。メーカーは作り手です。自社の思いがこもった、こだわりの製品を多くの人に使ってほしい。一方、問屋という業態は買い手に近い。幅広い製品をとりそろえておき、小売店のニーズを聞きながら、必要なものを必要なタイミングで納入する。

これを一つの会社の中に包含するのは難しい。「この製品をなぜ小売店に持って行かないのだ」というメーカー側の論理と、「できるだけ幅広い製品を扱いたいのだ」という問屋側の論理が対立するのです。

確かに、経済が高度成長し、外的環境も安定している時代なら、メーカーは、問屋機能は問屋に任せ、自社技術の強みが生かせる仕事に絞ったほうが効率的です。でも、市場が成熟した今、メーカーにはユーザーインの発想が欠かせません。問屋のほうも探さなければならないのは、納入価格が安いメーカーではなく、売れる製品を作るメーカーです。

「この仕事は手離れがいい」という表現を使う人がいますが、手離れというのは、目先の効率を考えた言葉です。本当の効率化はその先にあり、むしろ手離れが悪い仕事を志向したほうが、ユーザーインに近づけると思います。どの次元で効率的かを再考する必要があるのです。

チェーンストアのメーカーベンダーへ

アイリスは、問屋機能を持ったことで製品開発の視点が劇的に変わりました。問屋として生き残るには、小売店の棚をいかに押さえるか、です。店舗における製品比率を高めなくてはいけない。1つの製品がいくら売れても、問屋としては成り立たないのです。

仮にアイリスがユーザーのニーズから外れた製品を出すことが増え、小売店から別の問屋に変えられてしまったら、メーカーとしての商品供給経路そのものが遮断されてしまう。このリスクが、ユーザーインのものづくりを貫く覚悟となっています。メーカーベンダーは、製品開発の目線がユーザーからずれることを防ぐ仕組みでもあるのです。

このことが、オイルショック以降、進めてきたユーザーイン経営を決定的なものとし、製品開発の視点は、メーカー発想から生活者発想へと完全にシフトしました。時は1980年代半ば、バブル経済が膨張する中でアイリスはユーザーとつながる業態の確立に奔走したことで、その後のバブル崩壊の中でも2ケタの伸びを続けたのです（参考までに1988年度の売上高は66億円、1995年度の売上高は556億円です）。

当初、アイリスはホームセンターの成長と軌を一にするメーカーベンダーでしたが、その後、ドラッグストア、家電量販店、スーパー、コンビニエンスストアと取引する小売店を広げてきました。スーパーとの取引が本格化したのは、生鮮米を取り扱うようになってからです。以降、調理家電に取引が広がり、コロナ下ではマスクも供給するようになった。スーパーは、いろいろなジャンルの製品をダイレクトに届けるアイリスを重宝してくれています。

アイリスは、製品アイテムを生活者視点で幅広く広げてきたから、あらゆるチェーンストアのメーカーベンダーとなり得たわけです。今、取引先の店舗数は約10万店を数えます。

「縦糸」と「横糸」が強力な布地を作る

プラスチック、木材、金属など、幅広いメーカー機能が「縦糸」となり、ホームセンター、家電量販店、スーパー、コンビニなどの多様な流通ルートが「横糸」となり、それらが無限に絡み合って、頑丈な布地を作り上げている。アイリスの事業構造はそんなイメージです。このマトリクスで需要創造と市場創造を加速させています。

他業界を見ても、需要創造と市場創造の両方を押さえている企業は強い。典型例は「ユニクロ」。毎年、新しい機能の衣服を開発し（需要創造）、その機能をしっかり店頭でアピールしています（市場創造）。衣料を作るか、売るか、どちらかをしていたほうが経営としてはラクです。けれど、それでは今のユニクロはなかった。

アイリスと対照的に、ユニクロはもともと小売店でしたが、大手繊維会社などと組んで次々に需要創造型の衣料を開発することで、成長軌道に乗りました。しかも、全世界に出店している店舗を通じ、どんな製品が売れるかというデータが入りますから、ヒット商品を開発できる確率も高くなるのです。

自社が位置する流通ポジションに永久にとどまるのではなく、上流か下流ににじみ出ることで、需要創造と市場創造を両立する業態が出来上がるのです。それはなぜかというと、ユーザーのニーズに対して、ゆがみの少ないマネジメントができるからです。流通経路が複雑であればあるほど、ユーザーのニーズが流通の都合でゆがみます。

それをできるだけ少なくするには、上流か下流に手を広げ、ユーザーのニーズをダイレクトに拾い、開発に生かす仕組みをつくる。さらに、これまでの自社の強み以外のところにも進出し、ユーザー目線でリスクを取って製品展開をする。そうすれば、流通における主導力がますます高まり、外的環境に左右されにくい会社になります。

「業界の中の蛙」にならない

業界の常識に凝り固まって、ユーザー目線で考えられないことが、日本企業の弱点です。

製造業を経営している読者の皆さん、「日経ＭＪ」を読んでいますか。「日経産業新聞」や業界紙ばかり読んで業界事情に詳しくなって、どうするのですか。ユーザーインの開発をしようと思えば製造業の経営者こそ、小売店の考え方を知る必要があります。

ＢtoＢ商品を作る会社も同じ。消費者の動きを知ろうとせず、技術や価格の競争ばかりをしていると、市場変化でたちまち仕事を失う。多くの社長がしていることは逆なんです。同じ理屈で、流通業の経営者は日経産業新聞を読んだほうがいい。

皆さんは同業者との集まりは好きでしょうか。

私は極力参加しません。同業者間で情報交換をするのは悪いことではありませんが、ややもすると仲間内の利益が優先され、ユーザーの期待に応えることができません。何より同業者のほうばかりを眺めていると、考え方が横並びになってしまう。経営者に必要なのは「多長根」の考え方。多面的、長期的、根本的（本質的）に物事を捉えることです。

小売店やその先の消費者の目線に立ち、多面的な思考で経営判断をしなければならない。同業者の集まりにうつつを抜かし、視野を狭めている場合ではないのです。

実は、最近の私は視察目的では小売店に行きません。40代、50代の頃はホームセンター やスーパー、量販店、百貨店に足繁く通い、どんな製品が消費者に求められているのかを調べました。でも今は、社員に任せています。

もちろん新聞やネットで小売店の情報は集めますし、プライベートでは買い物にも行きます。ただ、売り場をあまり見すぎると、他社がいい製品を出していれば「うちも出さなければ」と横並び意識になりかねない。私は生活者視点を損ないたくないのです。

例えば、コメ事業。コメは、数キロという大きな袋で売るのが普通ですが、それでは食べ切るのに1、2カ月もかかり、その間、味が劣化していく。そこで当社では、小分けした3合パックで売り出しました。

品質が劣化しないよう、摂氏15度以下の低温倉庫でコメを保管し、精米工場全体も15度以下に保ちます。こうすれば新米のおいしさがずっと味わえます。この事業は、小売店を視察したからといってひらめくものではありません。不便や不満を解消しようという、生活者目線の発想から出てきたアイデアです。

一人当たりのコメの消費量が減っている大きな理由は、これまでのコメがまずいからですよ。食品の場合、生活者視点は「簡単、便利、おいしい」に尽きる。今、コメの販促をどんどんかけています。スーパーでもアイリスのコメは並んでいますが、まだまだ、お客様は慣れ親しんだ大きなコメ袋を買っていく。そこで、ホームセンターに「米蔵」というアイリス専用の売り場を作って、製品の魅力をしっかり伝えています。これがすごく売れている。２０３０年頃には間違いなく、コメの流通は変わっていると思います。

私は毎朝5時に目を覚ますと、市場変化に対し「なぜ、どうすれば」と考えを巡らせます。製品についても生活者の立場で、利便性や「なるほど」と思える機能があるかどうかを考えます。そうした「思考の反復連打」から、マーケティング力は高まるのです。そしてプレゼン会議を通じ、そうした開発思想を浸透させてきました。最終消費者にとって本当に買いたい、使いたい製品かどうかを考える習慣を会議で育んできました。

繰り返しますが、「ユーザーの立場で物事を考えなさい」と言うことは簡単です。しかし、それを仕組みに落とし込んでいる会社はごく一部です。アイリスでは、メーカーベンダーという業態を生かして、ユーザーを起点に開発を始め、プレゼン会議という会社の心臓部で全員注視の中、ユーザーインのアイデアを形にしていく。会社を潰さないためには、世の中に役に立つものを提供し続けなくてはならない。

独りよがりにならない仕組みが必要なのです。

「○○業」と言える会社は変化に対応できない

プラスチック部品から始まったアイリスの事業は、こうしてコメの企画販売まで手掛けるに至り、「○○業」とくくれないほど幅が広いものになりました。生活者の不便や不満を解消するために、顧客起点で次々に事業を広げた結果ですが、資金的にも技術的にもリスクをコントロールできる範囲にとどめていたとは思います。

当初はプラスチック製品という軸はぶらさず、園芸用品を展開し、販路もむやみに広げるのではなく、むしろ成長業種のホームセンターとがっぷり四つで組みました。その後、メーカーベンダーに転じ、プラスチック以外の加工技術にも手を広げますが、顧客はホームセンターが主体であることは変わりませんでした。そうして企業体力とブランド力を高めてから、家電やコメなど大きく離れた分野にも進出し、ホームセンター以外にも販路を拡大します。

リスクはしっかり取り続けますが、無茶はしないのが、アイリスの事業展開の歴史です。一つのジャンルの製品で何千億円と売っているのではなく、ペット用品や園芸、LED照明など、一つ一つの事業を積み重ねて大きくなってきました。

これだけ幅が広いと、どんな外的変化があっても、すべての製品が駄目になることは考えにくい。私はここにマネジメントの変質があると見ています。一般に、従来の会社の事業展開は、自社の技術に強みを置いていたため、どうしても商品群の拡大に限界があったのです。家具メーカーなら家具作りに、飲食店なら調理技術に、という具合です。

その結果、「〇〇メーカー」「〇〇卸」「〇〇販売店」という呼称が当たり前のように付いていた。業界、業種の枠を飛び越えていくことに、高いハードルがあったのです。しかし、それではコロナショックで都市部の飲食店が壊滅的な被害を受けたように、いかなる時代も利益を出し続けることはできないのです。食品のネット販売に力を入れていた飲食店は影響が軽微で済んだように、業界・業態を広げるほどリスクヘッジが利く。

では、技術的な強みのない分野での勝率をどう上げるか。それが仕組みです。勝率を上げる仕組みをつくれば、もともと強みではなかった分野でも勝てる製品ができるのです。アイリスの場合はそれができている。

商品の変遷

1970年代

東大阪の下請け工場が発祥。プラスチック成型技術を生かし、自社ブランドのブイや育苗箱を作り、脱下請け。

1980年代

オイルショックを機に、消費者向けの商品へシフト。プラスチック成型技術を生かす基本路線は変わらない。

1990年代

ホームセンター業界の台頭を受け、問屋機能を本格展開。多様な素材を使い、さまざまな商品を開発した。

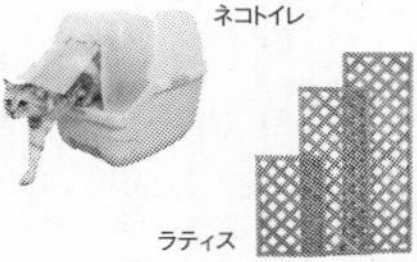

2000年代

ホームセンターへの依存度を下げるため、家電商品などに乗り出して、新しい販路・市場を取り込むことに注力。

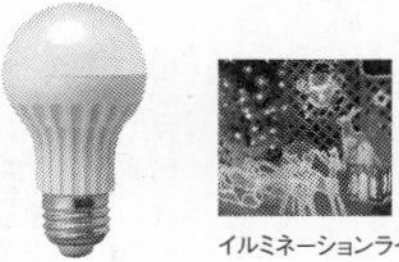

2010年代

東日本大震災を機に、日本全体の課題解決を意識するようになった。コメ需要を伸ばすため、炊飯器も発売。

毎週のプレゼン会議でPDCAを高速で回す仕組みに加え、4章で詳しく説明しますが、開発した後も改善のPDCAを回す月次会議の仕組みなどを整えている。そうした数ある仕組みの中でも、メーカーベンダーは流通の主導権を握り、ユーザーのニーズをダイレクトに収集し、市場を自ら創造できるという核となる仕組みです。

アイリスは、自社固有の技術ではなく、自社固有の仕組みをブラッシュアップしているから、多様な業界で、過去の延長線上の技術でなくても強い製品を生み出し続けられるのです。

自社の強みに絞ることは絶対条件ではない。強みに縛られず、ユーザーが求めるものに絞る戦略が、ニューノーマル時代の経営です。「○○業」と端的に表現できる会社は、自社の強みを極めてはいるが、ユーザーのニーズに柔軟に応えられていない可能性があります。これからは「仕組み力」が企業の競争力を左右するのです。

3章 瞬発対応力

急な外的変化を成長に取り込む仕組み

CHOICE 7

上げたいのは

「稼働率」か

「瞬発力」か

コロナショックの前、マスクの国内販売シェアは3位でしたが、大増産をかけたことで一気にトップシェアになりました。各メディアにも大きく取り上げられましたが、実はマスクの大量供給はコロナが初めてではありません。

２００９年４月。メキシコで発生した新型インフルエンザは世界中に瞬く間に広がりました。６月にはＷＨＯ（世界保健機関）が警戒レベルを最高度の「６」に引き上げ、パンデミックを宣言します。国内では、５月に神戸市で初めての国内感染者が確認され（検疫を除く）、関西地区ではマスクが飛ぶように売れ、品薄状態になりました。

新型インフルエンザではマスクを20倍増産

アイリスにも得意先からのオーダーが押し寄せ、わずか１週間で７５００万枚もの受注がありました。かつてない受注量に工場をフル稼働させましたが、とても対応できません。アイリス以外のメーカーも、急騰した需要に応えられませんでした。

マスクの主要な生産期は風邪が流行し始める秋口から、花粉症対策の春先までで、

5、6月は端境期にあたります。緊急増産しようにも人手や資材の確保がままならなかったのです。品薄は関西地区から全国へとすぐに広がり、世の中からマスクが忽然と消えました。

このような事態を受け、アイリスは中国の大連工場に加えて、蘇州工場との2工場体制でマスクの生産を始め、一気に生産量を引き上げることを決断します。

その年の秋には年初の10倍に当たる月産6000万枚体制、年末にはさらにその2倍の月産1億2000万枚体制へと生産ラインを増強しました。世の中があっと驚くほどのスピードで増産が実現できたのは、環境変化に対応する瞬発力があったからです。

世の中にはいろいろな製品の需要が常に変動し、増えたり減ったりしています。時には何かしらの環境変化で急激に需要が増えることがあり、それにすぐに対応できれば、企業は大きな利益を出すことができます。そうした瞬発力では、アイリスは他社をしのぎます。

本章では、スピーディーにビジネスチャンスを取り込む仕組みを考えます。

「見える無駄」と「見えない無駄」

多くの人は「見えている無駄」を省こうとします。

ここまで見てきたアイリスの戦略が、実は腹に落ちていないという人もいるかもしれません。需要創造型の製品開発にしても、マーケットで既に売れている製品を開発したほうが、開発費は少なくて済むし、どのくらい売れるかという目算も立つ。経常利益の50％を投資に回すという戦略など、投資家からしたら、そんな無駄遣いばかりせず、株主に還元をしなさいと怒られるかもしれません。そして、新製品比率50％という基準。オンリーワン商品があるならそこに全力を注いで、取り切っていない顧客を増やしたほうが効率的です。

しかしそれは、目に見える部分の効率でしかないのです。

見えているところのコストダウンばかりを意識する経営と、見えないところの付加価値を意識している経営。この差がもたらす結果は大きく違います。見えない付加価値とは、視野を広げれば取り込めるビジネスチャンスです。

見えているものを合理化する究極が「ジャスト・イン・タイム」です。受注から出荷までのリードタイムを極限まで短縮し、注文が入ったらものすごいスピードで作り、納品する。そのシステムは在庫という「見えている無駄」を省くにはとても有効です。けれども、それによって大きなチャンスを逃す場合もあることを、多くの人は理解していません。目の前で、需要が急拡大しても対応できないのです。「在庫は悪である」と信じている会社は、設備もギリギリ、倉庫もギリギリ、作業の人員もギリギリ。そのほうが資本効率的には良いからです。半面、大きな需要変動には弱い組織となっています。キャパシティーを大きく超える注文が舞い込んでも対応できないのです。「うちの製品は、そんなに注文が急増することはない」という人もいるかもしれませんが、どんな製品でも需要変動は起きています。需要が高まり、値下げせずとも稼げるときには、しっかり稼ぐ。そうした機会を逃していると、儲かるときに儲けられず、逆に需要が減退したときに赤字に陥ると、すぐにキャッシュが枯渇します。

人口増加時代はチャンスを取りこぼしても、既存市場が伸びていたからよかった。けれど今は、チャンスを逃すという選択肢はどの企業にもないはずです。ならば、稼働率よりも瞬発力を優先する経営に力を注ぐべきです。

これから必要なのは、チャンスロスをなくす仕組みなのです。「この製品を市場に投入すると売れるのはほぼ間違いないが、今の当社には余力がない」という状態をなくすのです。市場は泡風呂のように、あちらで勃興したり、こちらで勃興したり、そしてしばらくすると市場が突然消えたりする。泡が見えてから、一から準備しても遅いのです。

稼働率は7割以下に抑える

アイリスでは、先に書いたように「稼働率7割」をルールにしています。需要創造型の新製品についても、収納ケースやマスクのような既存製品についても、設備稼働率は7割です。そうすれば、何かあったときに瞬時に増産できる。「需要が急激に増えるかどうか分からないのに、設備を7割しか使わないのはもったいない」と考える人が多いのですが、そういう会社が危機のときに赤字に陥るのです。主力製品が何かしらの事情で急に売れなくなるリスクがあることは、今回のコロナショックで痛いほど分かったはずです。しかし、どんな危機下でも経済活動がゼロになることはない。

消費者向けではマスクや備蓄食品が売れています。ネット販売の市場は急伸し、物流業界は人手が追いつかない状態です。伸びる製品、伸びる市場に足がかりがあれば、その製品を増産すれば赤字になるどころか、増益を実現できるのです。

こうしたリスクヘッジをすることは、経営の基本です。しかし、多くの会社は資本効率を高めようとし、上場企業に至っては株主対策として目先の利益しか興味がないようです。それで、危機のときには「想定以上に環境が悪化し、赤字になってすみません」と謝罪する。

稼働率を7割にとどめることは至極真っ当な理屈だと思いますが、そのような発想が持てないもう一つの理由は、カテゴリー単位で仕事を見ているからです。ある製品、ある部署、ある工程、ある工場、ある店舗、ある事業……。そうした、あるカテゴリーにおける個別最適の効率論を追求し、全体最適で物事を見ないのです。

一般論ですが、創業経営者はこのチャンスロスを気にするタイプが多い。何かのミスで製品が売れなくなるよりも、取れるはずのニーズを取り逃がすことのほうが悔しく感じます。

新しいチャンスを取りこぼすことなく、すべてを手にしたいというのが、起業家の思考回路。新しいチャンスはそこそこ取り込めればいいと、既存のビジネスをスムーズに回すことに重きを置くのが、サラリーマン経営者の思考回路。

前者は瞬発力を上げる経営を、後者は稼働率を上げる経営を志向する。私はどちらかだけではなく、どちらも重視しています。稼働率は高めますが、最大7割までとバランスを取る。

では、なぜ稼働率は6割でもなく、8割でもなく、7割なのか。

需要5割増→稼働率7割

7割以下に稼働率をとどめる理由は、売り上げが予測の150%になっても対応できるようにするためです。他社のまねではなく、需要創造型の製品を作っていると、発売してみなければどれくらい売れるかはよく分かりません。さらに、マスクにしてもそうですが、天候要因や経済要因などの外的環境の変化によって5割変動する可能性は十分にある。

ならば、7割の稼働率にしておけば、「いざ拡販」というときに、「100%÷70%=1・42」で、5割増に対応できる。もちろん可能性としては5割増を超えて2倍、

3倍に需要が膨れることもあるかもしれませんが、そこまで対応しようとするのは、さすがに過剰です。

これで環境変化を確実にチャンスに変えられます。アイリスは稼働率7割ルールに従い、工場は常に3割の空きスペースを持っていたから、東日本大震災後のLED照明の拡販も、コロナショックのマスク拡販もでき、一気にトップに躍り出たのです。アイリスは国内外のグループ全体で32工場を有し、総床面積は東京ドーム30個分に相当する約140万㎡と非常に広大です。その3割を常に空けておくのは非効率に思われるかもしれません。しかし、工場を常にフル稼働させていては、設備を増強しようにも用地取得や工場建設に時間がかかり、即座にラインを新設することができません。

稼働率7割のルールを意識し始めたのは1980年代です。園芸商品に参入し、プラスチックの植木鉢などの新製品をホームセンターでたくさん売っていた頃です。ホームセンターは需要の変動リスクを問屋に委ねます。例えば大型連休のゴールデンウイークは園芸用品がよく売れる時期ですが、もしかしたら雨が続いて、植木鉢があまり売れないかもしれない。そこで天気予報が雨模様なら、仕入れを控えめにする

マスクの量産体制をスピーディーに整えた

宮城県の角田工場。3割の予備スペースを使い、マスクの生産ラインを構築した

という判断をする。けれど、予報が外れて好天の連休になると、問屋に急いで注文をかける。アイリスはメーカーベンダーにシフトしていましたから、需要変動に対応する体制整備は必須だったのです。

そこから稼働率は7割にしようという発想が生まれたのですが、1980年代に7割稼働ができた時期はわずかでした。ホームセンターと共に大きく成長していましたから、稼働率が下げられない。下げようとしても、次から次へと注文が舞い込むからです。工場を建設するのが仕事のような状態で、需要を追いかけてばかりでした。

1990年代に入り、中小企業から中堅企業になって余裕が出てから、ようやく稼働率を7割以下に抑えられるようになりました。どの製品需要が急に伸びてもいいように、瞬発的な供給力を担保したことで、欠品を嫌がる小売店も安心してアイリスと取引してくれます。

CHOICE 8

瞬発力があるのは

「身軽な外注」か

「柔軟な内製」か

工場のスペースならば3割の余裕を持たせておいても、何かしらの使い道は出てくるものです。皆さんが二の足を踏むのは、設備稼働率のほうでしょう。多くの会社は安全策を取り、設備を無駄にしたくないからとぎりぎりの投資をする。稼働率を7割にとどめておいたのに、需要が急激に増すことが一度もないまま製品寿命を終えたら、「目いっぱい使えば、機械を1台余計に買わずに済んだかもしれない」と後悔する人もいるでしょう。

できるだけ稼働率を上げたほうがよい局面は、ある条件下ではあり得ます。製品寿命が短く、設備の転用も利かない場合は、稼働率を上げる必要がある。製品が古くからあるもので利益率が低く、稼働率をできるだけ上げたいというケースもある。

そのあたりの投資バランスをどう考えればいいのでしょうか。

他社と逆行し、部品や機械を内製化

実は、このような逡巡は、寿命が過ぎた製品の機械は使えなくなる、という前提に立っています。そこに経営の盲点があります。

アイリスでは、設備機械の改造は内製化しています。機械メーカーから購入するのは、あくまで基本的な加工ができる汎用機。アイリスではそれを社内のエンジニアがアレンジし、作りたい製品に合った機械に仕上げます。機械メーカーから専用機を極力買わないのです。

機械メーカーに仕様を発注して丸投げしたほうがラクですし、最初からある程度の生産スピードも期待できます。でもそれでは毎回、多額の設備購入費がかかりますし、せっかく購入したのだからフル活用したいという心理が働き、稼働率を極限まで高めたくなるでしょう。

多くの製造業は外注を活用してきました。加速したのは1980年代半ばです。1985年のプラザ合意で大幅な円高に振れると、日本の大手製造業は、部品製造や機械加工などをそれまで以上に外部に出しました。理由の一つは、付加価値が低い工程は人件費の安い下請けに任せたほうがいいという考え方です。もう一つは、部品製造や機械加工の専用設備を自社で持ってしまうと、一定以下に固定費を下げることが難しいという判断です。

それは目先の効率を考えれば正しいかもしれませんが、より安い部品や加工先を求めた結果、サプライチェーンがどんどん延びていったのです。

東日本大震災では、被災した東北の部品メーカーの生産が止まり、九州や北米の自動車工場が影響を受けました。コロナショックでは、中国で生産している温水洗浄便座の部品が入らなくなった例などが象徴的です。原価を下げるために、そこまでして安い調達先・加工先を世界に広げているのは、大きなリスクです。

日本には、その企業にしかできないという独自の部品や機械を作っている中堅・中小企業はたくさんあります。そうした部品や機械は購入するしかありませんが、汎用的な部品製造、機械製造はノウハウさえ積めば、自社でできるのです。

汎用機を改造して使う

世間が外注にシフトした1980年代、私は懸命に内製化を進めました。「大山は何をバカなことをしているのか」と笑う人もいましたが、マネジメントの本質はどちらにあるだろうかということが常に頭にありました。前述のように、メーカーベンダーとして幅広い製品を作るノウハウを社内に蓄積するには、内製化したほうがいいという狙いもありました。

アイリスでは汎用機を改造して使います。製品寿命が予想より短くても焦ることはない。それを再び改造して、別のラインに転用すればいいだけです。自前で作ると柔軟性があるため、稼働率を100％に近づけようと頑張らなくてもいい。ある製品の需要が急に高まったら、稼働率を3割上げればいいし、それで足りなければ汎用機を活用してすぐに自動化ラインを作る。

車に例えると分かりやすいのですが、仮に走行距離10万キロの耐久性がある車ならば、タクシーの場合は2、3年で寿命が来ます。けれど、年間1万キロしか乗らない一般家庭なら、10年は持つ。それと同じように、稼働率7割なら機械の持ちもいい。他の製品の生産ラインに転用すればさらに長く使い続けられる。

キャッシュフロー効果もある。キャッシュフローは当期利益と減価償却費の合計。アイリスでは優遇税制、割増償却制度などを調べ、最大限利用します。上場企業であれば、利益の圧縮につながる前倒し償却は株主の批判を招くかもしれませんが、アイリスは未上場ですから問題ありません。設備を内製すれば、償却中はキャッシュフローを高めますし、償却が済んだ時点で設備が急に使えなくなることはありませんから、その後は原価低減につながります。

生産設備は短期間で内製できても、社員はそうはいきません。例えば1000人いる工場が、明日から1500人に増員することは現実には無理です。そこで、設備はできるだけ自動化・無人化することを目指します。一般に生産ラインの自動化は、人手不足や人件費高騰の解消のためにしますが、アイリスでは需要拡大に対応するためにロボットを使う。需要を追いかけることができるという意味で「追いかけ生産」と社内では呼んでいます。

現場はロボットが使いたい放題

ロボット活用による自動化ノウハウは、内製化戦略を通じて、アイリスが長年かけて蓄積してきたものです。このノウハウが高いから、多様な製品をスピーディーに作ることができますし、コロナ下のマスクのように追いかけ生産の瞬発力が半端ではないのです。

現在、アイリスには自動化ラインを設計・構築する専門スタッフが200人以上います。国内大手メーカーで、自動化の専任者が200人以上もいる会社は少ないでしょう。アイリスでは、プレゼン会議を通じて年間1000種類以上の新製品が出てきます。自動化スタッフはその設計図をもとに、どのような加工・搬送ロボットを使って、ラインをどう設計するかを日々考え、組み立てます。

いつ何どき、ロボットが必要になってもいいように、好況であろうが不況であろうが、常に一定の金額をロボット購入に充てます。用途を決めず、毎月ロボットを数十台買い、各工場に在庫しておくのです。ロボットは1990年代から最初は年5〜10台のペースで購入し、次第に購入台数を増やしてきました。今では国内外に計2000台のロボットが稼働しています。

用途も決まっていないロボットを毎月買うのは、効率重視の人には究極の無駄に思えるでしょう。それをアイリスがなぜできるかというと、毎年、経常利益の50%を投資に回すという、前述の仕組みがあるからです。各部門では月次で細かく計数管理しているので、この50%投資の仕組みがなければ、製造部門は目先の数字を良くするためにも、ロボット投資を控えるかもしれません。それを防ぐためには、やはり仕組みが必要なのです。

誤解のないように補足すると、経常利益の50%の金額を厳密に計算しているわけではありません。数字に縛られるのは本末転倒です。数値の目標を掲げるが、数値ありきではない。役所がやっているような予算消化は性に合いません。現実において必要な投資をする。投資をけちらないように50%程度を目安にしているということです。

ともあれ、アイリスの各工場には、未使用のロボットが約50台置いてあります。省人化や自動化のアイデアが出れば、すぐに使えるのです。在庫してある汎用ロボットとは別に、新しいロボットが必要な場合は工場の判断で購入できます。稟議を上げる必要はありません。

アイリスの工場では常にどこかのスペースを作り替えています。もともとあった設備を解体していたり、新しい生産ラインをロボットで組み立てていたりする。市場の変化に合わせているからなのですが、この点も普通の会社とは異なるでしょう。

工場にいる200人の自動化専門スタッフには、大学でロボット工学を学んだような生粋の専門家はほとんどいません。アイリスに入社してから現場で先輩と一緒に場数を踏んで、ロボットラインのエンジニアとして独り立ちしていきます。

扱う素材もプラスチック、金属、木材、マスクのような繊維製品まで何でもありです。苦労はしますが、そうした一人ひとりの多様なノウハウが、どんなジャンルの製品にも対応できる技術の連鎖をもたらします。

新製品の初期ラインは生産スピードが十分ではなかったりして、材料原価や設備償却費を引くと、初年度は赤字の製品も多い。けれど、そこから先、自動化スタッフが日々改良を重ねるので、2年目になってトントン、3年目で儲かり出します。営業社員も開発社員も初年度の損益だけを考えれば、本音では下請けに出したい。しかし、私は内製化を優先させます。ノウハウが社内に蓄積し、最終的にはそちらのほうがコストダウンにつながるからです。

ビスも作る完全自前主義

例えば、2018年に発売した超軽量のスティック型掃除機。

掃除機の駆動部に使うモーターのファンは自社成型したプラスチック製を使い、軽量化とコストダウンを実現しました。もちろん、成型のための金型も自社製です。ゴミ入れは手入れが面倒なダストカップ式ではなく、使い捨てが可能で軽量化も図れる紙パック式を採用。そこで、マスクを生産する中国工場で紙パックの自動化ラインを立ち上げたのです。こうして本体は1・4キロと業界最軽量クラスです。

このスティック型掃除機には、床以外のホコリ掃除に便利なモップも付いていています。軽量で吸引力も既存品より大幅に強くしたので大ヒットしています。これは企画の立ち上げから発売まで1年。大手家電メーカーではあり得ないスピードでしょう。

アイリスの自前主義は徹底しており、製品に使用するビスも自社で作っています。生活者目線で「この値段なら買う」という価格を先に決め、そこから原価を詰めるアイリスにとって、ユーザーが期待する価格を実現するためのコストダウンは至上命題です。それを可能にするためには、内製化が欠かせません。

ビス1本まで作るべきかどうかは、業界によって違うでしょう。アイリスは生活用品のメーカーです。想像してもらえば分かると思いますが、生活用品はそれほど複雑な構造をしていない。だからこそ、ビスを内製化することで、完成品にとって使いやすいビスを作ることができ、また、品質の信頼性も上げることができます。

どこまで内製するかを検討する

目先の効率を追って外注生産ばかりしていると、自社に蓄積されるのはマーケティング機能や営業機能など一部だけになりかねません。人口減少社会では、需要創造が企業の成長には不可欠です。そのためには、ユーザーのニーズを「的確に捉える」ことができ、そのニーズを「的確に形にする」ための体制が必要です。

アイリスでは、その一つが設備や部品の内製化というわけです。安い調達先・加工先を世界から探して、長いサプライチェーンを組み上げ、ジャスト・イン・タイムで補完する仕組みは、もはや効率的ではない。経営の仕組みの再構築が問われています。自前主義に否定的な人は、それがスピーディーなイノベーションを妨げると指摘します。

社外の技術を取り入れれば、自社の強みがさらに生きてイノベーティブな製品を開発できるのは確かです。アイリスが家電事業を始めるときには、大手電機メーカーの技術者を中途採用し、彼らの持っていたノウハウを生かしながら、事業を立ち上げました。私は何でも自前にこだわるわけではなく、自前にしたほうが結果的に効率的だと考えているものに限定しています。部品を自前で生産するのも、生産設備を自前で作るのも、そのほうが迅速な開発とコスト削減の効果が享受でき、ユーザーの満足度を高められるからです。

自前主義がいいのかどうかは、その会社が何を求めるのかによって異なります。ただし、目先の効率を求めるだけの理由で「反自前主義」を選択するのは、ビジネスチャンスを逸しますし、企業競争力もそぐことは、ぜひ知っておいてほしいと思います。

CHOICE 9

「選択と集中」か

「選択と分散」か

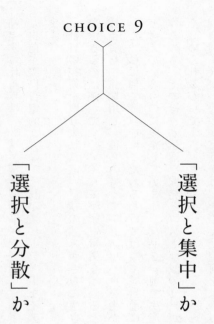

　さて、本書も中盤にさしかかってきましたが、あなたはまだ、従来の思考回路から脱することができず、1つの製品、1つの技術、1つの市場に依拠したほうが効率的と考えますか。

　スタートアップ企業の場合はもちろん、大きなリスクを取った上で1つのイノベーティブな製品・サービスを立ち上げる形態なので、それでいい。けれど、環境変化に強い会社をつくりたいならば、幅広い製品を手掛け、余裕のある稼働率を維持し、いざ変化が起きたならば、その変化によって盛り上がる市場に即座に戦力を注ぐのです。

過度の集中は逆効果に働きかねない

　バブル崩壊後、「選択と集中」という言葉が広まりました。事業領域を絞り込み、そこに経営資源を集中することで、強い会社になれるというものです。

　本業から縁遠い分野に多角化した会社が、利益の出ていない事業を切り捨てることは必要です。儲からない製品、儲からない販路などを惰性で抱えているのは無駄です。

原価計算をした上で、儲かる市場に集中するというのは正しいと思います。ただ、特定の市場に集中しすぎると、不透明な時代環境では命取りになりかねない。どんな市場が勃興するか、どんな市場が衰退するか、それらが読み切れない中では、強みを生かすことは必要ですが、過度の集中は逆効果に働きかねないのです。

そこで、自社の強みを広げるかたちで、分散する戦略を取る。アイリスでは生活用品というジャンルを選び、生活者視点で不満を見いだし、需要創造する製品を開発しています。その中で幅広い製品を展開し、稼働率にも余裕を持たせる。「集中」と「分散」のバランスです。「選択と集中+選択と分散」の戦略で、各事業・技術のシナジー効果をもたらすことにより、競争力を高めるのです。

分散の結果としての多様性

アイリスでは工場も分散させています。グループで売上高が7000億円というアイリスの事業規模では、国内工場は3つあれば十分です。北海道から九州まで、8拠点に9工場を持っているのも、一番の理由はトータルコスト・コントロールのためです。製造原価だけで捉えるのではなく、お客様の手に届けるための最終原価にこだわります。また、どこの工場が止まっても、別の工場がすぐにフォローできるようにするためです。

この仕組みが生きたのが、2011年の東日本大震災のときでした。

2011年3月11日、国内の主力拠点である角田工場では震度6弱の揺れが数分間続き、電気、ガス、水道とすべてのライフラインが止まりました。従業員は幸い全員無事でしたが、工場内部は棚から落ちたものが散乱し、10トン以上の重さがある射出成型機の位置がずれ、基幹システムのサーバーは停電によってダウンしました。

ただ、生産・物流設備に致命的な損傷はありませんでした。そこで災害対策本部がまず取り組んだのは、情報システムの再稼働です。15日朝には兵庫県三田市の三田工場のバックアップシステムにリモートアクセスして、角田工場の出荷分を他の6工場に振り分けました。特にその比重が高かった埼玉工場には角田工場から55人を送り込み、代替生産を支援しました。

スピード復旧は多くのメディアで取り上げられました。

要因の一つは、工場を分散していたことで受発注システムと生産の代替ができたこと。もう一つは、部署の垣根がないため、全社一丸となって復旧に取り組めたことです。「部署の垣根がない」というのは、プレゼン会議や、4章で説明する全社日報データベース「ICジャーナル」などの仕組みを通し、全部署・全社員での情報共有の場をつくってきたアイリスの強みです。

一般に、企業は規模が大きくなると事業部制になります。事業部が太い幹で、その下の部や課は、事業部から伸びた細い幹です。そのため、部や課のレベルでは他の事業部と情報交換をする場がほとんどありません。

その状態は、特定の事業を推し進める機能としてはよいかもしれませんが、新しいことを始めるときには逆効果です。「新規事業のプロジェクトはいろいろな部門から集めた横断チームで走らせる」という会社もあるでしょうが、一時的なものではなく、普段から情報交換ができていないと、その組織の力が十分に発揮できません。

アイリスの組織も事業部制ですが、縦割りの「ツリー構造」ではありません。実質的には俯瞰して物事が見られる「ネットワーク構造」です。プレゼン会議では機能別の全部署が集まりますし、開発現場では多能工化が進んでいるので、互いの強みをよく知っている。そうした関係性をICジャーナルで補完します。これは、グループの全社員が日々の業務についてまとめるデイリーリポートで、全社員が閲覧できます。全社員の情報を全社員が見る。これにより神経細胞のように各部署・各社員が自律的につながるのです。

「選択と分散」の本質的な強みは、分散しているからこそ得られる多様な知恵です。それを生かすのが情報共有の仕組みです。この点は4章で詳しく考えていきます。

金型を拠点間で融通する

在庫は少なければ少ないほど望ましい。これが従来のサプライチェーンマネジメントの常識でした。しかし、それでは非常時に、供給網が止まってしまうリスクがあることが、東日本大震災やコロナショックで露呈しました。

それでもまだ、目先の効率を追って拠点の集約、在庫の最小化に走るのかどうか。アイリスは大震災やパンデミックを具体的に想定したわけではありませんが、オイルショックの経験から、本当の効率化とは拠点の集約、在庫の最小化ではないと判断しました。

もちろん、在庫に余裕を持たせる一方、コスト削減を図らなければ平時の競争力が落ちます。そこで、生産拠点の標準化を徹底しています。

各拠点の製造装置や生産管理システムは同じ。また、現場から出てきた改善事例は全拠点で共有し、各工場が独自に進めないようにしています。社内のノウハウを均一に保つため、工場長や現場責任者も頻繁にローテーションします。各拠点の仕組みが同じなので、ほかの拠点から応援に駆けつけた作業員はすぐにラインに入れます。ある地域で出荷量を増やす場合は、拠点間で製品を融通するのではなく、金型を移動させて納入場所に近い拠点で生産。これにより、物流費を下げることができます。

金型は現在、中国の大連工場と提携メーカー7社、さらに東南アジアの協力工場3社で作っています。年間で1000型以上を作っており、累計では約2万型を保有しています。1型当たり300万円ほどはしますから、相当な金額です。

金型コストの低減を図るには、日本では難しい。中国や東南アジアで金型を作れば2、3割は安いので、日本と同等品質の金型を作れるように試行錯誤を繰り返してきました。多くの日本企業がアジアから金型を調達しようとして苦労していますが、アイリスは2000年頃から、まずは中国、次に東南アジアからの調達を始めました。

金型の設計は国内で担当し、生産のみ中国と東南アジアという分担です。金型を発注する場合、一般にセットメーカーは、製品図面を金型メーカーに送り、金型メーカーが金型の設計・製作をします。しかし、アイリスは金型の設計図を自社で作成し、金型の材料は何を使うかなどすべて事細かに指定します。

日本の自社工場では金型を作りませんが、1990年代までは社内で設計、製造もしていたため、今も角田工場内には、金型の倉庫と加工機を備え、保守と改造をしていますので、製品の改良などにはすぐに対応できます。こうして出来上がった金型を、工場間で融通することで原価低減につなげています。

CHOICE 10

「短期の効率」か

「中期の効率」か

アイリスでは新製品比率をＫＰＩにしているので、社内でもその比率のことをよく話題にします。一方で、ＲＯＡやＲＯＥという指標を口にすることはまずありません。ＲＯＡとは総資産利益率。売上高利益率と総資産回転率の積で、良い製品・サービスで利益率を高く確保できているか、持っている資産をどれだけうまく売り上げにつなげているかを測る指標です。

利益率については私も重視しており、経常利益率10％以上を目標に掲げていますが、総資産回転率についてはあまり考慮していません。資産を増やさなければその比率は上がるので、どうしても安全志向になってしまうからです。

ＲＯＡ、ＲＯＥはあまり関知しない

見てきたように、アイリスでは設備稼働率が7割以上になれば追加投資をします。それによって急な需要が起きたときに、一気に増産できるからです。また、各工場では、いつでも使えるように汎用ロボットをたくさん備蓄しています。それは、自動化ラインをすぐに構築し、スピーディーに製品を市場に投入するためです。そして、小売店にすぐに届けられるように、同じ製品を全国各地の工場で作っています。

これらは目先の資本効率を落とします。けれど、外的環境が変化する前提に立てば、こちらのほうが経営的には正しいはず。ROAは市場が安定している条件下での指標です。

株主資本をどれだけ利益につなげているかを示すROEについても同様です。

資本主義社会では、企業は株主のものです。その株主が供した資本をどれだけ効率的に使っているかを示す指標は意味があるように見えますが、ROEの高さは現時点での効率性を示すものにすぎません。

金融機関からの借り入れを増やして株主資本を低く抑えることでROEは高まりますが、それは企業体力を落とします。加えて、無駄を省き、利益を増やす経営をしていると、急に現れた需要に応える余裕もない。

アイリスではROEは資本効率という意味で参考にしますが、経営において重要なのは、チャンスをいかにつかむかです。ROEを指標にすることに意義があるとするなら、やはり市場が安定し、拡大を続けているときですが、これからの時代はROEが求める効率性を追求すると会社を傷めます。本当の効率を追求しなければいけません。

目先の資本効率は邪魔

いかなる時代でも利益を出し続ける会社にするためには、目先の資本効率は邪魔です。ただ、確実に利益を出す仕組みを整えれば、結果として売り上げも利益も大きく伸びますから、資本効率も高まります。つまり、目線を置く位置なのです。

気をつけていないと目先の効率に流されてしまうのが、人の常です。アイリスも成長が伸び悩んだ時期がありました。1990年代後半です。自分なりに分析して出した答えが、ホームセンターへの過度の依存でした。ホームセンター以外の販路開拓を怠っており、ビジネスチャンスを取り逃していたのです。

そこで私は自らの成功体験を捨て、利益を生み出す新たな仕組みを考えました。キーワードは「ジャパンソリューション」です。6章で詳述しますが、日本が抱えている課題についてアイリス流のやり方で解決を目指すものです。その一つが家電です。

2012年、経営難で人員削減した大手電機メーカーからの人材獲得を始めました。アイリスはその3年前に家電事業に参入しており、中途採用を機に、大阪に

R&Dセンターを新設しました。

家電は成熟商品で一見すると、用途、機能に関しては開発し尽くされている。しかも、台湾や韓国のメーカーの格安商品に押されている。しかし、ユーザーの利用シーンの中から不満を見つけて、それを解消する価値を提供すれば、まだ伸びしろは大きい。

例えば、サーキュレーター。室内の空気を循環させるファンです。床と天井では温度差があるので湯かき棒のように循環させるために使うと快適で、静音で強力な製品を出したら、累計700万台超という需要をつくることができたのです。

需要は、米国や欧州にも広がりました。生活者の視点で開発すれば、今までの競争とは違うところで大きな需要が出てくるのです。アイリスの家電は単なる家電ではない。すべてはユーザーが使って「なるほど」と思う製品を作る。ユーザーインの思想です。

家電事業は、調理・空調家電などを中心に売り上げを伸ばし、全体の5割を占めるまでになりました。この家電はホームセンターだけでなく、家電量販店、インターネット通販などもメインルートです。販路を広げることでアイリスの成長力は回復しました。

効率なくして経営はできない。効率の追求は大切ですが、効率一辺倒では危険だということは、コロナショックで思い知らされたはずです。コロナ危機で大きな打撃を受けている会社は、もしかしたら持っている製品、サービスのジャンルが限定的なのかもしれません。これをきっかけにリスクヘッジした経営に転換すれば、あなたの会社はぐっと強くなるはずです。

ロングセラー商品に頼りすぎると会社を駄目にします。真の効率とは何か。そこを考えることが、本当の意味でコロナ危機を乗り越えるということなのかもしれません。

「5×5＝25」の意味するもの

こういう話をすると、「一般的な経営とは真逆ですが、確かに、大山さんの考え方もあり得ますね」と言う人がいます。どちらの考え方も正しくて、どちらを選んでもいい、と言いたいのでしょうが、それは違う。効率優先の考え方が正しいとは言い切れないのです。

アイリスの昔の新聞・雑誌記事を見ていただければ分かりますが、１９８０年代から戦略は変えていません。新製品比率をはじめ、今と全く言うことが変わっていない。1990年は2000億円くらいの売り上げで、2020年は7000億円くらいです。その間、新製品比率は50％を割ったことがほぼありませんので、2000億円から7000億円に至る30年の経営は間違いではないことが実証されていると思います。

「効率×効果」という計算式で考えてみましょうか。

目先の経営効率を上げるものと、目先の効率化はもたらさないけれど、企業の力になる効果があるもの。これらに10のリソースをどう分配するかを考えます。「9×1」は9、「8×2」は16、「7×3」は21、「6×4」は24、「5×5」は25となって、最も積が大きいのは、効率と効果にリソースを半分ずつ振り分けることです。これは数字のマジックのようなものですが、本質を突いていると思うのです。私は経営効率をしっかり追う。しかし効率は5割でいいのです。

「未上場企業だから」のマネジメント

アイリスが「稼働率7割」「自前主義」「工場分散」など、長い目で見た効率化戦略を貫けるのは、未上場だからという側面があります。上場企業では目先の資本効率を株主に求められます。「長期的に見れば、こちらのほうが資本効率を高めます」と説明しても、聞き入れてもらえないでしょう。

また、株主に対しては決算発表時に中期計画を発表しなければならない。そこでは、確実性のある事業しか発表ができません。アイリスのような需要創造型の製品は、どれくらい売れるのかと聞かれても、不確実なものを製品化しているので説明のしようがない。

アイリスが仮に上場したら、「具体性がない」「根拠がない」と、アナリストからブーイングが出るでしょう。最近はESG投資など、長期的、社会的な側面から企業を見るという視点が出てきています。でも、多くの株主が求めるのは、やはり短期的収益です。アイリスが目先の効率ではなく、中長期の効率を追う会社である以上、短期的な収益を求める第三者を株主に入れることは絶対に避けなければいけません。

また、大山家による同族企業ですから、決定も早い。株主に意見を求める必要もありません。ただ、大山家は支配者ではない。会社は誰のものかということを社員にはよく話します。アイリスの株式の大半は私や家族が持っていますが、会社は実質的には社員のものです。緊急を要するときには、オーナーの判断で一気に事を進めます。

そうした意思決定の瞬発力を支えるのも社員であることを、経営者は自覚しなければいけません。

アイリスでは社員の目線を引き上げるため、徹底的に育て上げます。次章では、いかなる時代環境でも利益を出すための組織について考えます。

4章

組織活性力

仕事の属人化を徹底的に排する仕組み

CHOICE 11

社長にとって「いい会社」か

社員にとって「いい会社」か

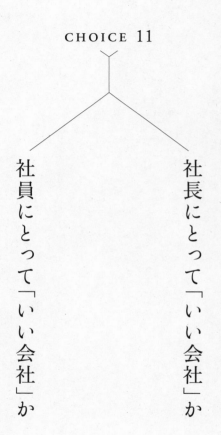

いかなる時代環境でも利益を出すには、世の中に必要とされる事業・製品をどれだけ幅広く、そしてスピーディーに提供するかが勝負です。そうした事業・製品を生み出すのは、人であり、組織です。本章では、いかなる時代環境でも利益を出すために求められる社員、組織とはどのようなものなのかを考えていきます。

社員の目線を引き上げる

思えば20代、30代の頃の私は、社員との目線のギャップに常に悩んでいました。私には「こんな会社にしたい」という高い志、ビジョンがあるのに、それを社員が理解してくれない。

分かりやすく言うならば、「今は規模や実力が10のレベルの会社だが、これから50にして、100にするぞ」という志を私は持っていた。具体的には自社製品をいくつも開発して下請けから脱し、会社を大きくしたい。そのステップとして今は10だが、数年後には20、30の会社になるように頑張ろう。そう社員に話しても、どうにも反応が鈍いのです。

社長の目線まで、社員の目線が上がらないのです。

能力が高く、モチベーションも高い人は社長のビジョンを理解するでしょうが、そうした人は引く手あまたで、もっといい会社に就職します。東大阪の小さな下請け町工場にすぎない大山ブロー工業所には、来てくれません。

周りには、大企業や中堅企業がたくさんありました。社員の大半は「大山ブロー工業所に勤めたい」と思って来たわけではありません。うちでしか雇ってもらえないから、応募してきた。松下電器産業に入れるような人が、好き好んで大山ブロー工業所には来ないのです。

会社の実力が10のときに、10の資質を持った人が来てくれたらまだいいのですが、資質が下の人しか入ってこなかった。会社が20のときには10の人、50のときには30の人と、常に人材の質が遅れるのです。若い頃の私は、なぜ社員は私の志を理解してくれないのか、どうして会社がよくなっても、それに見合った人が来てくれないのか、腹立たしくもありました。

しかし次第に、これはどこの中小企業でも常に抱えている問題だと気づきました。話題性のある製品を出して世間から注目を集めているような、よほどユニークな中小企業以外は、必ず人のギャップが生じているのです。社長自身は20の力の会社だと思っていても、それは社長が勝手にそう思っているだけで、働く人から見たら、そのレベルの会社ではないかもしれない。社長は自社のいい面を見てしまうので自己評価は高くなりがちですが、評価は本来、他人がするものです。

中には、社長の見立てが正しい場合もあるでしょう。けれど、20の実力の会社に10の資質の社員が集まってくることを憂える必要はないのです。むしろ、そのほうがいいのではないかと思うに至りました。力のない社員を育て、レベルの高い仕事に挑戦させて成功すれば、本人はとても喜びます。「俺も、やればできる」という気持ちが芽生え、仕事が面白くなる。そうした一人ひとりが前向きな組織は力強くまとまります。

社員の立場で想像する

つまり、社長の高いビジョンに向けて社員を手取り足取り育て、目線を引き上げようとする。その行為自体が重要なのです。ギャップがあるからこそ育成が可能であり、結果としてベクトルがピタッとそろい、組織が機能する。だから、入りたくて入った会社ではないかもしれないけれど、できるだけ長く働いてもらいたい。そう考え方を変えたのですが、当時の私は「仕組み」と呼べるようなものは持っていませんでした。

そこで20代の私が何をしたかというと、情をかけることでした。

「今日もご苦労様でした。一緒に夕飯食べようか」

仕事が終わると、社員を私の家によく招き、母の手料理を振る舞いました。仕事中だけでなく、仕事以外でも社員といろいろな話をしていると「小さな会社だし、給料は安いが、この社長だったら頑張ってみるか」と思ってくれるようになります。

今は、社長の家で社員が集まり、ご飯を食べるという時代ではなくなったのかもしれませんが、店に行って牛丼でもラーメンでも何だっていいのです。一緒に飲み食いしていれば、人と人の間には必ず情が生まれます。

社員が安心して働けるように給与体系や福利厚生制度を整えることも大切ですが、会社が小さなうちはトップの人間的魅力で社員をまとめるしかない。そのためには社長は人の2倍、気遣いができないと務まりません。

若い頃の私は、取引先の人と食事をするより、社員と一緒に食事をする時間を優先しました。毎日、社員に「ご苦労様」と感謝して、その労をねぎらっていました。

私は、人の下で働いた経験がありません。だからこそ常に、社員の立場で物事を考えようと意識してきました。「自分が会社員だったら、どんな会社に勤めたいだろうか。どんな社長だったら、一緒に頑張りたいと思うか」と必死に想像したのです。

情の組織マネジメント

豪華な食事を一回だけご馳走しても、社員の心は動きません。「うちの社長は何が目的なんだろう」と身構えるだけです。そうではなく、毎日毎日、情をかける。情の深さは、接触回数に比例するのです。社長が社員に気遣いをしていると、地元での評判も良くなっていきます。友達や親戚から「大山ブロー工業所で働いているんか。なかなか、ええ会社らしいやないか」と言われると、多少給料が安くても関係なくなるのです。

逆に「どうして、あんな訳の分からん会社に勤めてるんや」と周囲から言われると、社員はいたたまれなくなる。小さな会社の間は、求人広告を見て遠方から応募してくる人は少ないので、地元での評判が頼りです。それを左右するのが社長の気遣いです。

実は今もアイリスでは、しょっちゅう懇親会をしています。春の花見会をはじめ、部署内の懇親会には一人につき3000~5000円を会社が支給します。「最近の若者はお酒をあまり飲まないから、懇親会を開いても集まらない」という社長がたまにいますが、それは嘘でしょう。社長や上司が上座にどんと居座り、「ちゃんと働け」などと偉そうな態度を取るから、飲み会に来ないだけです。

毎年、泊まりがけで社員と温泉にも行きます。一緒に風呂に入って浴衣を着て、座敷で車座になってお酒を飲む。これが楽しいと思うのは、人間の本能です。若い人もベテランも関係ない。大企業の社員でも零細企業の社員でも関係ない。

高級レストランで、フォークとナイフでかしこまって食べても、この関係はできません。お酒が飲めなくてもいいのです。わいわいと話をすれば、きっと互いに仲良くなれます。そうして「いつも頑張ってるな」と肩をたたけば、誰だってうれしいですよ。

もちろん、情をかけても辞める社員はいます。「ここまでおまえのことを考えてやっているのに、なぜ辞めるんだ」とぼやきたくなる気持ちは分かります。けれど、それは結局のところ、「私」を主語にして考えているんです。社長にとって「いい会社」が、社員にとって「いい会社」とは限らない。社長はそこを勘違いしがちです。社員を主語にして、社員にとって「いい会社」をつくらないと、組織は動きません。

辞めるも辞めないも、社員が決めることです。社長の立場では「どうして？」かもしれませんが、社員にとっては、社長が思うほど、社長のことが魅力的ではなかったのです。人間同士のことですから、それはある程度は仕方のないことです。

万人に慕われるのは難しい。たとえ、可愛がっていた社員に辞められても、情をかけることを諦めてはいけません。感謝の量が足りなかったと反省し、もっともっと社員のことを気遣っていくしか、社員の心をつなぎ止める方法はないのだと思います。

経営者を56年間も経験した今から振り返っても、この「想像する」ということは、マネジメントの根幹を成すものだと断言できます。社員の立場で納得できる評価方法とは何かと想像する。顧客の立場で製品を見たらどうかと想像する。これはまさにユーザーインの考え方です。逆に、あらゆる経営の失敗は、自分の立場で物事を考えることから始まります。

これは社員数10人の零細企業だった頃も、社員数が約1万9400人（国内6600人、海外1万2800人、2020年1月現在）となってからも、全く共通しています。主語を社員にすることは、どんな規模の会社においても、利益を出す土台になります。

ただし、中小企業が中堅企業、大企業と発展していこうとすれば、そして、外的環境に振り回されずに必ず利益を出そうとするならば、自分の立場で考えないようにすることを、組織の仕組みにまで落とし込まなければなりません。

新入社員に必要なのは「価値観の転換」

多くの社長が「良い人材が社内にいない」と不平を口にします。ただ、人材も資金も技術も十分にあるなら、社長は昼寝しながら経営できる。中小企業も大企業も、限られた資産で何をするかを考えるのが経営です。

皆、ないものねだりをしすぎです。どうしても人が足りないなら、製品開発や営業活動より採用を最優先にすべきでしょう。

けれど「人が採れない」という会社ほど、募集にお金をかけていない。「棚ぼた」で人は採れないのに、努力も工夫もあまりしていません。社員教育もそうです。放ったらかしでは若手社員は育たないのに、現場に教育を任せきりにしている社長が多い。それではいつまでたっても、人が足りないという状態から抜け出せません。

アイリスが小さな町工場だった頃は、私も採用に苦労しました。だからこそ、入社してくれた一人ひとりにしっかり働いてもらえるように丁寧に教育しました。町工場の頃から、今に至るまで、新人教育で最も重視してきたのは「価値観の転換」です。学校教育では、テストで良い点数を取れば褒められます。必要なのは知識量でした。しかし会社では、物事を知っているだけでは駄目。例えば営業の方法を知っていても、顧客から1つも注文が取れなければ意味がないわけです。

「知っていること」と「できること」は別。社員が入社すると、技術習得よりも何よりも、まずはその考え方を教え込んできました。

新入社員の価値観を変えようとすれば、1年から2年はかかります。具体的には何をすればいいか。私は2つの教育をしてきました。

1つは挨拶です。挨拶の重要性を皆、軽視しがちですが、挨拶はコミュニケーションの基本です。挨拶の仕方が悪ければ、お客様に気に入ってもらえない。お客様とコミュニケーションが取れていないと、いくら自社製品の特長を覚え、訴えたところで、相手に伝わりません。

アイリスでは新入社員研修初日、全員に、5つのリボンを服に付けてもらいます。それらは次の5項目を表します。

新入社員に付ける5つのリボン

1「基本マナー」
　受講態度や挨拶、体操
2「基本理念」
　企業理念、経営方針、行動指針を正確に理解し、大きな声で暗唱できる
3「報告訓練」
　自分の考えを分かりやすく、堂々と相手に伝えられる
4「研修参加報告書」
　短時間で報告書をまとめ、納期を守って提出できる
5「私の抱負」
　1年後の自分に対する決意を皆の前でコミットする

審査を受けて合格できれば、該当のリボンを外すことができます。これなら、それ

ぞれの人が何ができて、何ができていないかが、ひと目で分かる。

厳しいようですが、この5つは社会人の基本です。中でも挨拶は最重要項目です。そして見ての通り、「基本マナー」「報告訓練」「研修参加報告書」「私の抱負」で求めているのは、まさしくコミュニケーション能力です。顧客や周囲の仲間とコミュニケーションがしっかり取れて初めて、仕事で成果を出せるのです。

仕事の評価は自分ではなく、他人がする

若手教育のもう1つの柱は、仕事の評価は自分ではなく、他人がするという常識を覚えてもらうこと。学校の勉強では、自分の頑張り次第でテストの点数が変わります。けれど仕事の評価はお客様や上司がする。お客様が求める品質や価格を実現し、信頼が得られたら次も仕事をもらえる。

しかし、若手社員は「こんなに優れた製品を開発したのに、なぜお客様は買わないのか」「一生懸命に努力したのに、どうして上司は評価してくれないんだ」と考えがちです。勉強と違い、仕事では努力が必ずしも評価されない。この理解は大切です。

評価は自分ではなく、他人がする。価値観をそのように転換できると、社員は自らを客観視し、そこからぐっと成長を始めます。お客様の都合より自分の都合を優先したら、社員も企業も伸びません。

そのため、アイリスの人事評価では自己評価と他者評価の差を明らかにします。若手社員の場合、「規律性」「積極性」など12項目について、自己評価と上司や同僚の他者評価、それぞれの点数を比較できるようにしているのです。

上司は自分の部下の点数を甘く付けがちです。だから上司だけでなく同僚からも、そしてリーダークラスになると部下からも評価を受ける。この360度評価により、自分中心から他人中心に価値観が大きく変化します。学校では、一夜漬けで知識を詰め込み、テストが終わったらそれを忘れても許された。けれど社会では、そういうわけにはいきません。実践できてなんぼです。だから、できるまでしつこく教える。

「挨拶をしなさい」「自分中心で仕事をしないで」と言うと、その瞬間は理解しても、何日かしたら元に戻ります。体に刷り込むには習慣化させないといけない。朝礼で毎日元気よく挨拶し、年に1回、自己評価と他者評価を比べてもらう。できるまで、徹底的にやらせる。それが企業における社員教育であり、社長の責務だとも考えています。

若手以外の人事評価の仕組みについても詳しく説明しましょう。

アイリスではいろいろな事業を手掛けており、米国、欧州、中国、韓国などにある海外子会社も含め、グループは29社（2020年9月時点）あります。海外法人のトップは現地の人に任せており、原則、他社からのスカウトはしません。

適任者を選ぶには、公正な評価が不可欠です。どの国の人から見ても明確な評価基準を作って、一人ひとりの社員がチームのために頑張ろうと思える仕組みをつくる。そのために人事制度は常に磨きをかけてきました。

実績と能力と360度評価

今、アイリスでは3つの評価基準を持っています。

1つは業績、実績。これが一番分かりやすいけれど、これほど不公平なものもないでしょう。営業社員の場合でいえば、たまたまいいお客様に恵まれたから数字がいいということがあるのです。開発社員の場合なら、担当商品が競合メーカーの出現で利益率が低下することはよくあります。これらは個人の力によるものかというと、そうとは言い切れない。物差しの一つとして実績は大事ですが、実績のウェイトは全体の3分の1です。

次に能力です。ただし、管理系の人もいれば、営業、製造、開発と職種はさまざまですから、どこを見るかがポイントです。アイリスでは思考・伝達力に絞っています。知識だけでは、仕事はできない。知識と能力は反比例しませんが、比例もしていない。だから、知識をいかに知恵に変えていけるかを重視します。

主任以上の約700人には、年初に課題論文を書いてもらい、それが評価の対象になります。論文のテーマは毎年変えており、ある年は「自部門における現状分析、課題解決、会社成長貢献のためのアクションプラン」。これくらい具体的なテーマであれば書きやすいと思いますが、「人間力」という抽象的なテーマを出した年もありました。テーマ設定はいろいろです。

論文はA4判で2枚。書くだけではありません。部長職、次長職、課長職などの等級ごとに論文の内容を評価し、優秀な人には持ち時間15分でプレゼンをしてもらいます。聞き手兼評価者は、役員全員と各部門の代表、そして同じ等級の社員たちが務めます。

プレゼン評価は毎年2月です。階層ごとに200~300人ほどいますので、実に

13日間をかけます。もちろん社長をはじめ、役員も評価にかかりっきり。2月の役員は他の仕事にあまり時間を割けませんが、長年続けてきました。社員のためにこれだけの時間をかけなければ公正な評価はできないと考えているからです。

個人の実績と能力。これだけで会社は動くかというと動きません。野球もサッカーもそうですが、チームプレーです。そこで360度の多面評価です。これが残りの3分の1のウェイトです。アイリスでは15～20人で1人の評価をします。メンバーは上司、同僚、部下、関連部署の人でバランスを取るように人事が選びます。

2年連続イエローカードで降格

「実績」「能力」「360度評価」。これらの合計で点数を付けて、等級ごとに順位を発表します。例えば主任が100人いるとすれば、1番から100番まで順位付け。下から数えて1割の人には公表せず、一対一で伝えます。

本人にすれば「どうして私の評価が低いのか。こんなに成績を上げているのに」と不満に思うことが多い。だから丁寧に、多面評価でどこに問題があったのかを具体的に伝える。でも、伝えるだけではなかなか改善されないものなので、相談相手のメンターを付けます。

このワースト1割に入ると、1回目は「イエローカード（気づきカード）」。2年連続でワースト1割に入ると「レッドカード」になり、降格です。でも、野球やサッカーと同じで、一軍と二軍は行き来するのが本来のあり方。翌年の評価が良くなれば昇格します。組織も常にブラッシュアップをするためには、公正で厳しい仕組みが必要です。誰もが満足する公平な評価は難しいけれど、誰もが納得する公正な評価は可能です。

新人教育でコミュニケーション力に重心を置き、社員の人事評価は360度評価で自分を客観視してもらう。これらの理由は、一言でいえば独りよがりにならないようにするためです。

アイリスはユーザーインの会社です。社員一人ひとりが日々の仕事で、どれだけユーザーのことを意識するかによって、50％を超える新製品比率や高い経常利益率が達成できるかどうかが決まってきます。そのためには、他人の立場で自分がしていることを客観的に見る力が必要です。アイリスの人材育成は、事業活動と直結しているのです。

多面評価で自己を客観視する

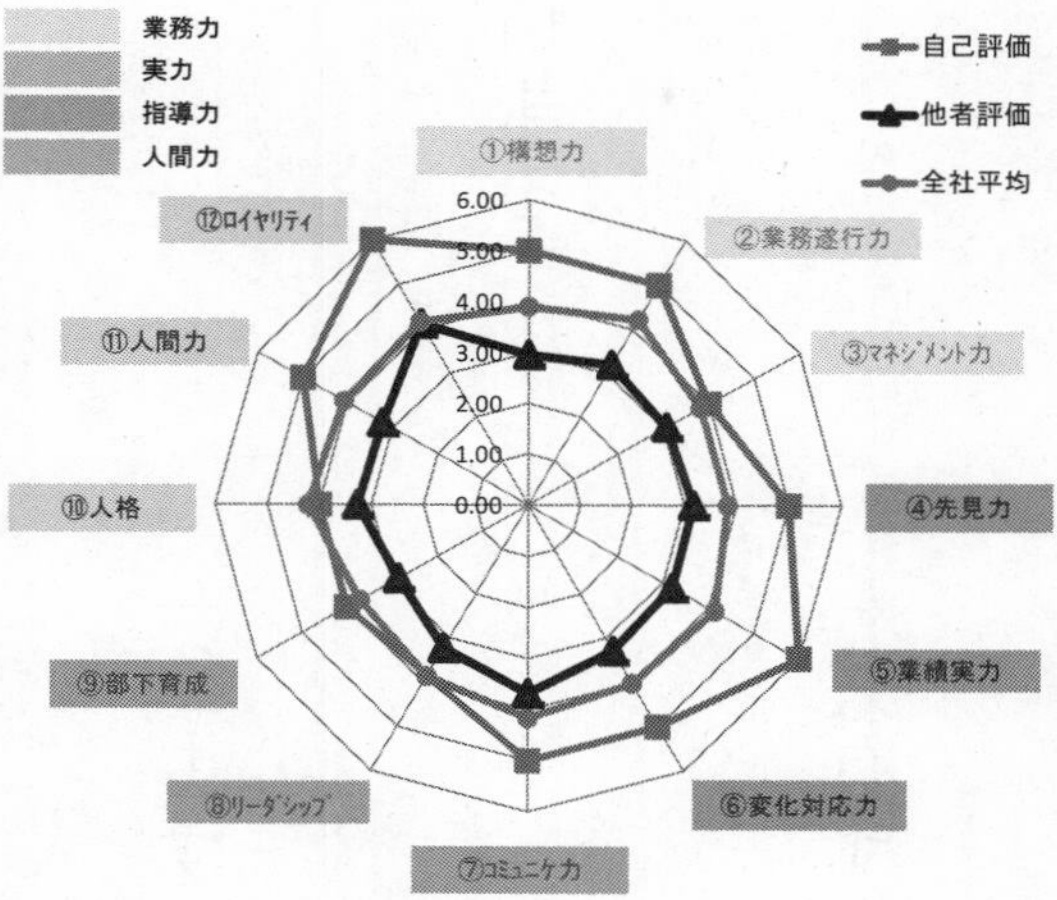

公正な人事評価をするため、周囲のいろいろな人から多面評価を受ける

CHOICE 12

経営情報を

「共有する」か「独占する」か

オイルショック後の会社の立て直しのとき、実は組織マネジメントの考え方を180度転換しました。徹底的に社員と情報共有するようにしたのです。

経営の基本は、社長が明確な目的・目標を掲げ、それを社員と共有し、チームワークを高めること。なぜそれが基本かというと「うちの社長は頑張っているけれど、俺たちとは関係ない」と社員がそっぽを向いている組織は、とても力が弱いからです。

スポーツでもそうでしょう。監督の側からすれば、うまい選手を集めて野球がしたいし、サッカーがしたい。でも、「監督が何を考えているのかよく分からない」と選手の気持ちがバラバラのチームでは、試合に勝てません。個々はあまりうまくなくても、一丸となった組織のほうが、絶対に強いチームが出来上がる。

私も、社長になりたての頃は「俺が、俺が」と独りよがりでした。自分で製品を開発し、自分で売り、製造機械も自分で考えた。「俺がいなければ、この会社は回らない」とさえ思った。でも、それでは社員は付いてこない。そこで先述のように、ご飯を一緒に食べながら社員といろいろな話をし、心を通わせるようにすると「社長のために頑張ってやるか」と思ってくれる社員が1人、2人と増えました。ただ、社員が50人くらいまでならこの方法だけで何とかなりますが、それ以上になると難しい。拠点が2つ、3つと広がると、社長は自分の考えていることがどこまで社員に正確に伝わっているのか、不安になります。業績が伸びていても、社員の心までは分からない。それまでの私は開発、営業、経理などを一人で見ていましたが、その結果が経営危機でした。

会社を下支えした「幹部研修会」

そこで私は、自分の思いを社員に伝える場を増やしました。「こんな会社をつくりたいから、君たちはこう働いてほしい」――。朝礼の内容を紙に書き起こして全拠点に配ったり、管理職全員を集めて研修会を始めたり、いろいろな取り組みをしました。特に、会社の変革期を支えるベースになったのが、リストラの翌1979年から始めた「幹部研修会」です。

最初の参加者は8人でした。幹部研修会では四半期ごとに泊まりがけで幹部と徹底的に議論します。ユーザーインの経営に変えるため、何をしなければいけないのか。現状を分析し、課題解決のプランを策定し、それを3カ月後に検証する。これを繰り返しました。議論のテーマは多岐にわたります。売り上げの増やし方、技術のこと、設備のこと、人材のこと、組織のこと。会社の一部分だけを変えるだけでは、ちぐはぐになってしまう。私は本気で、会社を丸ごとつくり直そうとしたのです。

幹部研修会の効果はてきめんでした。幹部の目線が上がり、先を見据えた判断ができるようになりました。この体験を通し、一つの確信を持ちます。「幹部が育たない」と多くの社長が嘆きますが、それは単に情報量の差によるものだということです。

一般に営業部門の幹部は営業の情報、生産部門の幹部は生産の情報に詳しいという偏りがあるため、個別最適で動きがちです。しかし、社内の全情報を与えれば、その幹部たちも全体最適で判断します。社長の目線が高いのは、社内の情報を独占しているからにすぎないのです。幹部を育てるには情報を共有し、社長と幹部が共にレベルアップしていくことが大事です。アイリスにとって、その場が幹部研修会でした。

1回目をスタートしてから41年間、現在までに164回の幹部研修会を続けています。1、4、7、10月に開催し、一度も欠かしていません。東日本大震災の翌月、2011年4月も実施しました。今は総勢700人ほどの管理職が参加します。

東北エリアは角田工場、関東エリアは埼玉工場、関西エリアは三田工場、九州エリアは鳥栖工場に、それぞれ約150人が集まります。後方の席に座る人の参加意識が薄れないように、前列から後列に向けてせり上がった階段式の会議室を利用します。

プレゼン会議でも使う階段式の会議室は、幹部研修会のためにわざわざ各工場に作ったのです。会議室には60インチの大型テレビを12台設置しています。1拠点を3台のカメラで撮影し、他拠点で映します。後方席にいる社員の顔も画面を通してよく見える。腕を組んでいたら「○○君、人の話を腕組んで聞くな」とすかさず叱ります。

上場企業では、重要戦略を社員に話すとインサイダー取引のリスクにつながるのではないかという懸念も出てくるかもしれませんが、アイリスは未上場企業ですから、その点心配はない。幹部にはすべての情報・戦略を公開します。3カ月ごとに現状分析と課題解決を繰り返すという実践研修スタイルは、今も変わりません。

参加者が数十人の頃と違い、700人ともなれば、全員で議論するというのは限界がありますが、同じ時間、同じ場にいて、経営情報を共有することで幹部は育ち、「よし、皆で頑張ろう」と気持ちがそろう。この幹部研修会こそが、倒産の危機に直面していたアイリスを蘇らせ、その後大きく発展する土台になった仕組みなのです。

会議欠席は厳禁

毎週月曜の「プレゼン会議」は、全部署の幹部が勢ぞろいして、ユーザーインの観点で新製品案件をブラッシュアップする場でした。目的もメンバーも違いますが、幹部研修会も対象となる全員が同じ場を共有します。アイリスのマネジメントでは「情報・意識共有の同時性」に重きを置いています。同時にするほうが時間の無駄がないし、伝言ゲームではないので共感度が深く、一人ひとりの理解のスピードが速いと考えるからです。

これらの会議は、情報に加え、目的や目標、理念を共有するための大切な場ですから、欠席は厳禁。その点はうるさく言います。例えば、社員が「取引先の周年パーティーに出席したい」と言ってきたら、あなたはどう答えますか。「それなら仕方ない。後日、会議の内容を確認しておいてくれ」と言うかもしれません。私は違います。大事な取引先に関わることでも、会議の欠席は認めない。全員で考えを共有しようというときに、一人でも欠席者がいたら意味がない。だから、パーティーには代役を送る。やむを得ない事情で欠席するときは、社長の決裁を取ってもらう。

アイリスでは、仕事の中で最も優先度が高いのが、会議や朝礼など皆で集まる場に出席することだと言ってもいいでしょう。「何も、そこまで徹底しなくても」と思うかもしれませんが、企業が持続的に発展するには、情報共有の仕組みづくりが不可欠なのです。
アイリスの情報共有に対する力の入れ方は生半可ではありません。もちろん、目的はいかなる時代環境においても利益を出せる会社にするためです。1つ、2つのヒット商品を当てるだけなら、社長1人の力でも可能かもしれません。しかし、利益を出し続けるためには、社長の「分身」として役員、社員が主体的に思考し、行動することが必要です。

新製品のアイデアが出るのは、中堅・中小企業の場合、社長であることがほとんどです。これはなぜでしょうか。新しいアイデアを考えることに社長が長けているから？　責任感や危機感が組織の中で一番強く、死に物狂いでアイデアを出すから？　どちらも正解でしょうが、私は多くの社長が優秀なアイデアを出し、的確な判断を下せるのは、社長が社内情報を独占する立場にあるからだと思います。

世の中の社長が偉そうにしているのは、往々にして情報をたくさん持っているからです。社長を社長たらしめるものは「社長と社員の情報格差」です。階層が上になるほど、多くの情報、重要な情報が集まるのが組織というもの。組織を強くするためには、そこに切り込み、できる限り、ブラックボックスをなくす必要があります。

「この開発にゴーサインが出た理由は？」

「新製品の損益と課題は？」

「他部署は何を考え、どんな仕事をしているのか？」

アイリスでは、社内の多くの情報をほぼ全員が、ほぼ同じタイミングで知ることができます。LED照明などの新製品を次々に市場に投入できたのも結局、情報共有によるものです。アイリスの本質的な強さは情報共有力にあると言っていいでしょう。仕事が属人的でないのが、アイリスの組織の特徴です。強いリーダーシップで伸びてきた会社と見られがちですが、違う。仕組みで組織の力を結集したから、一介の町工場が7000億円企業に化けたのです。

毎週月曜の大山家の食事会

幹部研修会のほかに、どんな情報共有の場があるか、詳しく説明していきましょう。

まず、一族の情報共有から。私たちは「三役昼食会」と呼ぶ食事会を毎週月曜に開いています。場所は、宮城県角田市の本拠地の一室。メンバーはまず大山3兄弟。長男の私、営業を担当している三男の富生、開発担当の四男の繁生です。そして、

2018年に新社長に就いた私の長男・晃弘を加えた4人が、それぞれ多忙ですが、取締役会とは別に毎週1時間、必ず集まる。

そこで何を話しているのか、気になりますよね。でも、世間話なのです。「先週はこんなことがあった」と年の若い順に話します。

例えば、「オランダの工場はキャパシティーがいっぱいになってきそうだ。メインマーケットがフランスなので、工場を増設して物流費をかけて運ぶくらいならパリに工場をつくったほうがいい。でも、フランスは労働者の権利主張が激しいから大丈夫か」といった話をしながら、考え方を擦り合わせていくこともある。

工場の話は役員会でももちろん話題に上りますが、ここは本音レベルというか、意識の統一というか、そういう感じです。そうかと思ったら、ゴルフのスコアの話をしたり、娘が学校を卒業したなど家族の話をしたりもする。何でもあり、というのが面白いと思います。

テーマは決めていません。オーナー家でご飯を食べながら、ありとあらゆることを共有するのが目的です。大山家はかくあるべし、アイリスはかくあるべし、という深いテーマになることもない。取締役会は案件を決める場ですが、昼食会は情報共有に徹しています。これを通して、みんながやっていることが分かりますし、誰が何を考えているかも分かります。

昼食会が始まったのは1995年頃。発案者は私です。当たり前ですが、兄弟でも意見は異なります。会社を良くしたいという思いは同じでも、立場が違うし、年を取ると我が出ますからね。そこで、「一緒にご飯を食べようや」と持ちかけました。

兄弟経営は役割分担と情報共有がしっかりできていれば強い力を生みますが、互いの不信が募ると経営の根幹を揺るがしかねない。ちょっとした考え方の違いに蓋をすれば、次第にひずみが大きくなり、対立を生むのです。深い対立を防ぐためには、早い段階で対立の芽を摘むことが大事です。

それにしても、毎週ですからね。コミュニケーションを目的に、そこまで頻繁に同族が集まる例は少ないでしょう。私たち一族の間には特にルールはありませんが、唯一のルールがこの昼食会への参加です。

情報共有の同時性という意味では、アイリスは朝礼をとても重視しています。

毎週月曜の朝9時から20分間が朝礼の時間。冒頭、社長が壇上に立ち、その時々で考えていることを率直に伝えます。当初は、朝礼で話した内容を秘書が紙にまとめ、遅くとも翌日には、離れた営業所や工場にファクスしていました。それを職場で回覧し、全社員に必ず目を通させたのです。その後、ファクスからメールへと伝達手段が変わり、今ではテレビ会議システムで時差のある海外の一部を除いて全拠点をつないでいます。テレビ会議なら、社員は社長の表情を見ながら、細かなニュアンスを感じ取ることができます。

私は、会社が小さな頃は、朝礼で全社員と顔と顔、目と目をじかに合わせながら「昨日はこんなことがあり、私はこう考えました。今日はこういう仕事をしましょう」と話をしました。「毎日」「じかに」が意思疎通の基本です。市場をどう攻めるのか、会社をどのように経営していくのか。社長は自分が考えていることを社員に伝える義務がある。

「くどくど話さなくても、社員はそれぞれ自分の役割を理解し、働いてくれる」という見方は間違いです。社長は社員の心に火をつけるためにも、社員に向けて繰り返し自分の思いを話さなければならない。「話すのが億劫」という人に社長は務まりません。社員と思いを共有できないと嘆く社長は、おそらく社員に話す量が圧倒的に不足しているのだと思います。

会社が小さなうちは社員とよく話していたのに、社員数が増え、あちこちに拠点ができると、こう考える社長が出てきます。「自分の考えを社員一人ひとりにしっかり伝えることは大切だが、この規模では限界だ」——。でも、私は伝えることを絶対に諦めませんでした。社員の数が多くなった分、そして、遠隔地の社員もテレビ会議で聞くことができるようになった分、朝礼の内容をどう腹落ちさせるかという仕組みが重要です。

そこでアイリスでは、1995年からは毎年末に1年分の朝礼の話をまとめた「朝礼集」を作り、全社員に配布しています。正月休みにじっくり読んでもらうためです。5年分が溜まると、さらに「総集編」として1冊にします。5年分を単純にまとめると1300ページほどになるので、400ページほどに編集し、製本します。

たかが朝礼、されど朝礼。朝礼にここまで力を入れている企業は珍しいかもしれません。後で本にまとめると分かっていると、社長もさすがに同じ話をするわけにはいきません。以前と同じテーマで話すときも、具体例を変えて説明するなど、創意工夫を凝らしています。

そこまでしても、多くの場合、社長の話は右の耳から左の耳に抜けるのが現実です。これは社長が悪いというよりも、聞く側というのはそういうものだと理解しています。そこで私は「言いっぱなし」にならないよう、主任以上には年に一度、朝礼を題材にした論文を書いてもらう。前述の人事評価に絡む論文が、これです。論文執筆を通して、社員は成長します。社長の考えと自分の考えをすり合わせることで、自分自身を一段高い所から眺められるからです。

話すだけでなく、話した内容をメールで送り、論文を書かせて、しつこく理解を求める。規模が大きくなったとか拠点が増えたとか、そんなことを言い訳にせず、徹底的に社長の考えを伝える。私はこれを「善意の強制」と呼んでいます。

多少は強制しないと、社員は社長の考えを吸収してくれません。「私の話を聞いてくれ」と言うだけでは、ほとんど効果はないのです。

日報にして、日報にあらず

このようにアイリスではさまざまなかたちで情報共有の場を設けており、それが社員の思考力や状況判断力、パフォーマンスを高めています。ただ、アイリスで最大の情報共有ツールといえば、「ICジャーナル」です。従来、外部にほとんど話してこなかったのは、このシステムがアイリスの「頭脳」だからです。

これは、分かりやすくいえば日報です。しかし、日報とは似て非なるものです。アイリスにはグループを含め国内外に1万9400人の社員がいますが、ICジャーナルの対象は現場作業を担う社員を除く、約1万人の社員。営業部門や開発部門などの各持ち場で得た情報を、1万人の社員がパソコンやスマートフォンで毎日、ICジャーナルのシステムに入力して、1万人全員で情報共有します。そこに役職や部門の壁はありません。さらに通常の日報と異なるのは、入力する中身が1日の行動の羅列ではない点です。

一般的な日報は、上司による部下の行動管理が主目的で、1日の経過を部下が書き、上司がそれをチェックします。一方、情報共有を目的とするICジャーナルの場合、事実の列挙は厳禁。日々の仕事の中で得た情報をもとに、各社員が自らの「意思」を伝えるように書く。新聞・雑誌記者と同じです。

知り得た情報をもとに何を考えたか。そこにどのような意味があるか。それを経営者や全社員に向けて報道をしてもらうのです。だから日報ではなく、ジャーナル（定期刊行物）と呼びます。イメージとしては、こんな具合です。

「製品Aの拡販を狙って、ホームセンターBのバイヤーのC様に商談に出向いたところ、競合のD製品のほうが、○○の機能で人気が高いと聞いた。私は○○の機能を改善し、内部機構を見直して、価格低減の上、再提案したい」

どんな意図を持って相手と会っているか、そこで得た情報をもとに自分が何をすべきか提案までする。ここまで主体的に社員が考えて入力するから、集まった情報が生きるのです。ICジャーナルの内容は顧客ニーズの変化や新しいトレンドの兆し、競合の動向など幅広い。

また、開発担当者は自分が作った製品名で検索すれば、営業担当者の商談状況などそれに関連する情報をリアルタイムで細かく見ることができます。

開発担当者にとっては、どのような機能がどんな顧客に受けているのか、あるいは受けていないのかという情報を、営業の最前線とほぼ同時に得られれば、より多くのユーザーに受け入れてもらうためにはどういった改良を加えればいいのかが遅滞なく分かります。

あるいは、これから新しく作ろうとしている製品について、開発の方法に行き詰まっているとき、過去に同種の苦労を経験している開発担当者の次のような発言が見つかれば、ヒントになるでしょう。

「開発中の製品Eの原価削減に難航していたが、今日、○○県にある中堅機械メーカーの切削マシンを使って、駆動部の加工を試したらうまくいった。まだまだ検証が必要だが、量産にまで持っていけるかもしれない」

決まった人のジャーナルを選択して「フォロー」する機能もあります。例えば品質管理を担当する社員が、自分の担当製品でクレームがあったという情報を、フォローしている営業社員からリアルタイムで受け取れば、いち早く改善処理に着手できます。

ＩＣジャーナルは役員も見ますし、社員のＩＣジャーナルであればその上司が必ず見ている。有益な情報をほったらかしにする役員や部課長はいませんし、もしいたとしたら、他部門の人から「君の部下のジャーナルにその指摘があったじゃないか」と注意されます。全社員が情報共有しているから、書く側も見る側も真剣です。

社員が入力・閲覧する具体的な項目は次の通りです。

【入力画面】

●入力した日付
●入力者の名前
●情報の分類（商談、プランナー向け情報、競合情報、クレームなどの選択）

●テーマ（何についてか）
●具体的内容（200字以内）
●共有レベル（全社員閲覧可能、特定対象者のみ閲覧などの選択）

【閲覧条件】
●日付
●部署・氏名
●テーマ・得意先
●言語・翻訳
●内容

入力画面では日付と名前を入れ、クレームや競合状況など、伝える情報の分類を選ぶ。続けてテーマを明示し、内容を200字以内で記します。文字数を絞るのは、簡潔にして読みやすくするためです。閲覧画面は検索機能が充実しており、例えば、製品別、部署別に誰がいつ、どんなテーマで何を書いたのかを見ることができます。中国語や英語にも対応しており、翻訳機能まで付いています。

運用ルールは厳しい。公平性を保つため、自分が入力しないと、ほかの社員の情報が見られなくなります。全員の情報の共有がベースだからです。

私自身、ICジャーナルを熟読します。1日3回、キーパーソン約100人の内容に毎日目を通す。朝、自宅のパソコンで40分、昼休みや夕方にオフィスなどでそれぞれ30分を割く。移動時間にもこまめにチェックして情報収集します。社員の日報を1日3回も見る経営者は珍しいと言われることもありますが、これはただの日報ではありませんから、目的が違う。

書いてある内容の質が悪いと、「おまえのジャーナルはつまらん！」と本人に直接言います。トップが細かく関わるから、仕組みが形骸化せずに習慣化するのです。個々の製品の商談の状況も手に取るように分かります。部門長などに「ジャーナルにこんなことが書いてあったやないか。そこからしっかり考えろ」と会議でよく注意します。

新製品のアイデアの元に

ICジャーナルの最大の利点は経営陣と現場社員との情報格差がなくなり、生の情報をもとに、すぐ対策を練ることができることです。武漢での新型コロナウイルスの情報も中国社員のICジャーナルから入り、いち早く対応ができました。

顧客ニーズに即応するには、経営陣と現場がコミュニケーションを密にして情報を共有することが不可欠です。そうしないと、動きがバラバラになるからです。社員がトップの考えを正確に理解し、それに沿って主体的に行動する。規律の取れた組織をつくる上でICジャーナルのような仕組みは必須です。

社員のほうも「なぜ」「どうして」「どうすれば」と自分の考えを毎日発信し、上司からチェック・助言を受けていれば、目線は自然に高くなります。新製品のアイデアの元にもなります。何もないところから思いつくアイデアは基本的にはありません。ある営業社員が「ホームセンターでこんなものが売れています」という話をICジャーナルに書いていたり、展示会で面白い製品を見つけたりと、そういう情報の集積が、ある瞬間にアイデアとして形になる。

このICジャーナルの原型が生まれたのは、1990年頃です。当時、営業担当の弟・富生と意見がぶつかるようになりました。営業の責任者を任せたことで、私にも意見を主張するようになったからです。社員の前でも意見が対立することが相次いだため、「また兄弟げんかが始まった」と社員から言われる始末。「意見が合わないのは、持っている情報が違うからではないか」。そう考えた富生が、営業社員のリポートを私に読んでもらおうと考えたのが、そもそもの始まりです。読むと確かに参考になる。それがきっかけで、もっと多くの現場情報、もっと生きた情報を求めるようになり、全社的な仕組みに発展させたのです。

2015年までは「ICデイリーリポート」と呼んでいましたが、2016年から「ICジャーナル」に名称変更。一人ひとりがジャーナリストとしての役割を果たしてほしいというメッセージをより明確にするためです。

部下が壁にぶつかったとき、上司が的確にアドバイスできるのもメリットです。ICジャーナルの内容を毎日追っていると、社員がどのような点で苦戦しているのかが手に取るように分かります。掲載されている他人の言動を参考に、自身の仕事のやり方を見直すこともできます。自分が発信した情報が新規事業など会社全体の方向性を変えるかもしれないので、経営への当事者意識も高まる。適時適切に多様な情報を共有し、それぞれが有機的に結びつくICジャーナルの機能は、仕組み至上主義を掲げるアイリスの真骨頂といえます。

意思決定そのものは上意下達ですが、情報の流れは上から下、下から上へと自由自在。獲物を求めて敏しょうに動く生命体のような組織体をつくっています。

CHOICE 13

組織内に

「ヌシがいる」か

「ヌシがいない」か

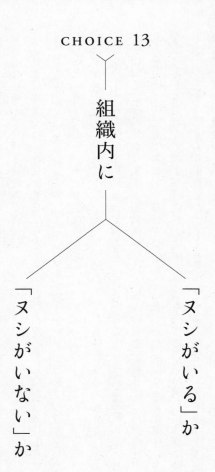

情報格差を少なくするためには、組織にも工夫が必要です。アイリスの組織は、家電、ホーム（収納インテリア・ハウスウエア）などの事業部組織と、商品開発、応用研究、生産技術などの機能別組織を併用しています。例えば、「家電事業部の商品開発担当」という名刺を社員が持ちます。これ自体はよくある組織の形だと思います。面白い点は、アイリスには管理職はいますが、管理だけをしている人は一人もいないことです。

管理だけをする管理職はいない

一般に、組織がある程度の規模以上になると、管理する人と現場で動く人に分かれます。開発部門でいえば、基礎研究、研究開発、設計・デザインなどの担当に分かれ、各部門には管理業務しかしない部課長がいて、そして、開発全体の組織を束ねる管理職がまた別にいるということが多い。

アイリスの場合も部門を束ねる管理職はいますが、管理職全員が現場に携わっています。開発は全部門が併走しながら進みますが、製品ごとに開発部門の責任者が決まり、他部門のスタッフが彼をフォローします。その「責任者」「他部門のスタッフ」の中に、管理職も入って一緒に進めます。

組織が大きくなってくると、どうしても部門ごとに動きがバラバラになってしまって、アイデンティティー（同一性）が取りにくいものです。しかしアイリスでは、プレゼン会議やICジャーナルなど、規模が大きくなっても管理職を含む一人ひとりの社員が、ユーザーインの開発に関わる「仕組み」を整えることで、同じ意識を共有しているのです。

主体性がないと評価されない

誰もが現業に携わるということは、誰もが会社を引っ張っているということです。「2・6・2の法則」とは、どんな会社でも2割の優秀な人が会社を引っ張っているというものですが、アイリスはそうではない。辞めていく人も一定数はいますが、遊んでいる人は一人もいない。

プレゼン会議でも開発部門内の会議でも、若手社員が直接、役員と話をすることで、案件を前に進めるのです。「自分は歯車だ」という意識は誰も持っていないはず。自分が考えた製品を自分で作っていく。自分がコントロールしているという感覚があるはずです。

そのため、主体性がないとアイリスでは評価されません。受け身が心地よい人は自分の働き方に合った部署に異動します。管理だけをして、自分では動きたくないという人も居場所がない。そしてもう一つ重要なのは、「ヌシがいない」ということです。

企業は、特定の仕事に精通している「ヌシ」を作りがちです。ヌシがいると、そこに情報が吹きだまりのように集まり、組織のためにはなりません。また、ヌシのような専門家がいれば仕事の能率が上がるようにも見えますが、マンネリ作業は効率を下げます。

どんな仕事でも、違う部署から新しい人が入ってくるからこそ、悪いところが分かり、改善が進みます。もちろん、「改悪」をしてしまうケースも現実にはありますが、相対的にいうと改善することが多い。基本的には、いいところだけが残るからです。

典型的な事例でいえば、新しい工場長が来ると不要な在庫、あるいは倉庫の奥に眠っている「不動在庫」をよく見つけます。

営業職でいうと、新任者はしばしば無駄な値引きを指摘します。前任者がある時期、売り上げを取るために値引きで攻め、以降、元に戻さず放置しているケースというのは案外多いものです。こんなに安く売らなくても棚は維持できるのに、「どうしてこの値段なのか」と聞いても、前任者は「それが当たり前のように続いていまして……」と答えにならない答えをする。必要のない無駄な値引きやサービスは改めなければなりません。

そこで、アイリスでは人事異動を頻繁に行います。営業所長は3～5年が一区切り。厳密な取り決めはありませんが、3～5年で所長をローテーションします。10年、15年と1つの営業所で働くことは皆無です。一人の社員に同じ営業所を任せていると、その感覚やノウハウの中でしか業務が回りません。多くの人が担当することによって、仕事のレベルが改善します。

アイリスの管理者向けの業務マニュアルの中に、「管理者十訓」というものがあるのですが、「同じことを繰り返すな～単調になると創造力が失われ鈍くなる。感激と喜びのないところに人生はない」という言葉を掲げています。それはまさしくヌシを排除するものです。

技術部門でも異動は頻繁です。

アイリスでは採用後に配属された部門が園芸部門だったからといって、そのまま園芸用品のプロになるような人事はしません。家電部門、建装部門へと異動します。せっかく知識・技能を覚えても、新しい部門に異動すると1年は苦労します。

実際、新しい部門に移った技術者が作る製品は、発売1年目は計画通りにいかず、ほとんどの場合、赤字です。見よう見まねで設備を作るから、不良品を出して生産性も悪い。

2年目にようやく、その部門の技術者として活躍するようになり、3年目からはしっかり稼ぐ製品を開発します。大変ですが、そうした経験を繰り返すとノウハウが溜まる。普通の会社はそれを嫌がって、機械メーカーから専用機を購入します。そちらのほうが立ち上がりはいいので、1年目から利益が出るかもしれません。けれど、その技術者に、そして社内にノウハウが残らないのです。どちらを選択するかという話です。

2020年7月から始めた角田工場でのマスク生産も、それまで中国で作って日本に輸入していましたから、国内生産は初めて。中国から技術者が立ち上げに来てくれるとよいのですが、新型コロナで渡航がままならなかった。

やわらかい素材のマスクを、やわらかいビニール製のパッケージに挿入するのは結構難しいのですが、現場は苦労しながら、自動化ラインを立ち上げました。それができるのも、常日頃から幅広い仕事に携わっており、技術者の応用範囲が広いからです。

ヌシ化を防ぐにはローテーション人事をして、部外者の目で見つめ直します。一人ひとりの業務を日々情報共有するといった仕組みも必要です。「人の意見を素直に聞いて、あなたの仕事の進め方を改善しなさい」と言っても、ヌシは絶対に聞き入れません。ヌシとして仕事を独り占めしたほうが、自分の存在価値を保ち続けることができるからです。しかし、それは全体最適ではないのです。

「大山健太郎」がヌシではいけない

仕事を属人化させない数々の仕組みの利点を、最大限発揮できる場面が事業承継です。

通常、アイリスのように創業型の経営者が多方面に事業を展開した会社を継ぐと、2代目は最初のうちどうしても目が行き届かず、苦労を強いられます。しかし、マネジメントの仕組みがあれば、事業承継する際に安心できます。

私は、製品開発のヌシにならないように、全部門の責任者が参加するプレゼン会議で、「なぜ、この製品にゴーサインを出すのか」「なぜ、この製品はもっと改善が必要なのか」という意思決定の一部始終を見せてきました。そのノウハウは決して高度なものではなく、ユーザーの立場で買うかどうかを考え、個々の収益予測で判断するだけです。

社員が計画通りに仕事をするのは、全部門長が集まる月次会議で細かく進捗をチェックする仕組みがあるからです。個々の製品において利益を確実に出せるのは、私が特別なノウハウを持っているからではなく、社員がＩＣジャーナルという情報網の中から損益改善の方法を見つけてきたりするからです。私は会社のオーナーではあるが、私がいなくても会社が回るようにしてきました。私がヌシになってはいけないのです。

仕組み化を進めればこのように経営がぶれず、事業承継にも有効です。

もちろん、時代や顧客ニーズの変化に応じて、仕組みそのものを構築し直すことは必要です。私の社長時代も、誰がやっても行き詰まるようなら「仕組みがダメになってるんじゃないか」と、すぐ仕組みを変えてきました。

例えば、売り上げが伸びているのに利益が計画通りに伸びないなど、数字の動きがおかしいときがあれば、顧客の分類の仕方や損益の取り方を変えて、その分析をするために新しく担当者を付けるなど、ガラッと仕組みを変えました。いったん仕組みをつくって習慣化してしまえば、組織は自律的に回り始めますが、最初に仕組みをつくるとき、そして仕組みを変えるときには、トップの強いリーダーシップが必要です。

決算賞与でアイリス株が買える

アイリスのことを社員はどう思っているかというと、よく耳に入るのが「働く社員にとっては、すごくいい会社。働かない社員にとっては、しんどい会社」。頑張ろうが頑張るまいが一緒、というのが社員にとって一番悪い組織です。アイリスでは部署別評価会で計画達成や実績が半期ごとに評価されます。また、営業部門の社員については個人別の損益まで開示している。アイリスの仕組みは「働かない人」の居場所をなくしていきます。どの会社でも、陰に隠れようとする社員は一定数いるものですが、「アイリスでは『働かない社員』は極端に少ない」というのが、社員たちのもっぱらの見方です。

結果重視の成果主義とは別物です。アイリスでは、誰でもできることを怠っていると徹底的に叱りますが、結果につながる正しいプロセスを歩いていれば、周囲がちゃんと頑張りを見ていて、サポートを受けられるようにしています。一般に、社員が不満を持ちやすいのは、自分の頑張りを見てくれているという実感が得られないときです。アイリスの情報共有の仕組みは、こうした社員の心理に即したものといえます。

日々の頑張りは、ICジャーナルによって直属の上司だけでなく、役員や他部署の社員にも見られています。朝礼の内容を十分に理解しているかどうかは、論文を通して見られています。全員が全員の言動を見られる仕組みが、組織の力を引き上げるのです。

賃金についてはアイリスは年功ではなく、等級によって決まります。同じ等級の社員であれば、月給は基本的に同じです。人事評価によってどんどん等級が上がる社員もいれば、頑張りが足りないと停滞する社員も多い。そこはシビアです。そして、アイリスの賃金制度で最も特徴的なのは、決算賞与と持ち株の連動制度でしょう。

夏冬のボーナス以外に毎年3月、主任以上を対象に決算賞与を出します。原資は営業利益の5%。等級は関係なく、各個人の業績寄与度で分配します。そして、この決算賞与の範囲内で、アイリスの株式を買うことができる。50万円もらったら、50万円分まで株を買える。それ以外のときには、どんなにお金を積まれても株は売りません。

アイリスの株式は、私と長男でほとんど持っています。社員が買う株が足りなくなれば、社員持ち株会経由で私の株を一部放出するので、総株数に変化はありません。未上場企業なので、市況によって変動することもない。株価は、株主資本を株数で割った値です。

利益を出して、内部留保を積んで、株主資本を増やせば、株価が上がる。だから社員は利益を上げようというモチベーションが働くわけです。毎年、決算賞与の支給後、約2週間が売り買いができる期間で、そこで昔買ったアイリスの株を売れば、まとまったお金が入ります。

70歳までは株を持てる

会社がどんどん利益を上げると、資本家だけが太るというのはおかしい。社員にも利益配分に加えて、資本配分もしたほうがいい。「決算賞与＋自社株購入」は1990年代に始めた制度ですが、私が社員だったらこういう制度があれば辞めずに頑張るよな、と考えたものです。この自社株を積み立てていれば、退職金制度よりも随分利回りがいいと思います。おそらく年率15％くらいでしょう。定年退職後も70歳までは株を持ってもらっています。ＯＢは「老後資産が増えるように、しっかり利益を上げてくれ」と現役社員にハッパをかけています。

アイリスの企業理念の第3条はこう定めています。「働く社員にとって良い会社を目指し、会社が良くなると社員が良くなり、社員が良くなると会社が良くなる仕組みづくり」。

私たちはすべてを再現性のある「仕組み」で回します。それは人材育成においても同じです。人が育たないのは、人に問題があるのではなく、仕組みに問題があるのです。

5章

利益管理力

高速のPDCAで赤字製品を潰す仕組み

CHOICE 14

PDCAの要所は

「PLAN」か

「ACTION」か

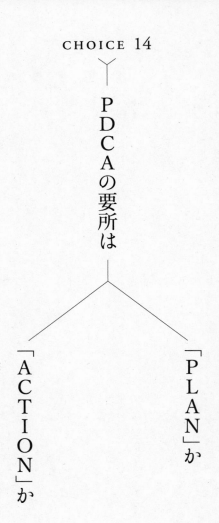

ユーザーインの発想に立てば売れる製品はできますが、儲かる製品になるかどうかはまた別です。有望なアイデアを儲かる事業に育てるためには、損益管理が必要です。これは至極当然のことですが、原価管理、損益管理ができていない会社は多い。「あなたの会社は、どの製品でいくら利益を上げていますか」と尋ねても、即答できない社長が結構います。

アイリスのように、年間1000以上の新製品を出しながら、高い利益率を出し続けるには、「正確な損益管理」と「確実な計画実行」の仕組みが必要です。アイリスでは前述のように中長期の目標は立てませんが、それは確からしい予測が不可能だからです。対して、予測できる近距離のことは徹底的に細かく管理します。

会社は決算年度で動いていない

アイリスでは、各部門の現場を仕切る幹部社員がボトムアップで年度事業計画を策定します。営業なら営業、開発なら開発と、部署ごとに計画を作り、それを合算したものが全社計画になります。具体的には、10月の幹部研修会で翌年の事業計画のたたき台を各部署が発表し、12月に全体計画の調整を経て、1月の幹部研修会で年度計画が発表されます。

事業計画を作る過程ではトップが事業の大きな方向性を示しますが、担当者はビジネスチャンスを狙って積極的な計画を立てるので、私や社長はどちらかというとブレーキ役です。一般には経営企画室のような部署が計画を策定することが多いと思いますが、アイリスでは各事業部の幹部に任せます。計画に主体的に取り組むには、社員が考えたほうがいいからです。

その上で各部署は毎月、損益を細かく分析します。実際に走ってみて計画と実績の差異が目立つなら、四半期または半期ごとに、向こう1年間の計画を立て直します。年度の計画修正に加え、その時点からの向こう1年間の計画を作り直すのです。

会社は決算年度で動いているのではありません。12月決算だとしたら12月までの数字が前年や予算を超えればいい、予算を超えたなら今期中に経費を使い切ってしまおうなどという思考に陥りがちですが、ユーザー目線で見れば全く関係のないことです。

もちろん、赤字になれば金融機関からの資金調達に影響は出るでしょうから、会計年度を全く意識しなくていいと言うつもりはありません。上場企業ならばより神経質にならざるを得ません。ただ、事業活動は本質的には会計年度で動いているのではないと理解することが必要です。常に1年先を見据えるのです。

予算がない会社

ちなみにアイリスでは、予算という概念がありません。開発部門などのコストセンター（経費は使うが、収益を計上しない部門）についても、年間でこれくらいの経費を使います、という予算がない。予算をぶんどるとか、そういうやり取りはなく、必要なものがあれば、必要なときに買えばいいというスタンスです。

会社の都合で予算の総額や部門の割当てを決めるというのは、それはユーザーにとってはどうでもいい話です。ユーザーのために作りたい製品があり、そのために必要な経費で、しかも損益を細かくシミュレーションした上での金額ならば、それは使うべきお金です。

ユーザーのニーズに合っていて、たくさん売れれば、経費をかけただけの利益が得られるのです。ユーザーの事情から離れたところで会社の予算を決めて、本当に必要なのかどうかも曖昧なまま資金を投じるほうが合理的ではないはずです。

開発社員が3年間は損益管理

アイリスの利益管理は、発売3年以内の新製品が営業利益ベースで10%以上の利益を出すことを第一優先に考えます。特徴は開発社員が製品発売以降も利益管理をする点でしょう。

利益管理を事業責任者や営業担当者が担うと、目標に達しないと「製品が悪いからだ」と開発のせいにしがちです。責任転嫁は組織運営上の大きなロスです。社内の力をストレスなく需要創出・利益創出に連結させるには、開発担当者に利益管理をしてもらうのがベストです。

開発担当者は試作品作り、部品調達、原価計算、価格決定と、企画立案から製品発売に至るまでの仕事を一貫して担当します。その過程でかかった製品ごとの開発費も細かく計算し、製品発売後も3年間、開発担当者が責任を持って損益をチェックします。

開発段階から、数字については厳しく言われます。売上高に占める開発費をあらかじめ設定し、仮に4％計画の製品の開発費が6％で推移しているなら、「もっと付加価値を上げて」と指示が飛び、3％なら「人を増やしてきめ細かく開発したほうがいいのでは」と検討を迫る。開発段階から利益を考え、開発の進め方を調整するのです。

アイリスでは全部門長が参加する月次会議を開いており、ここに開発社員も出席。発売後の製品の売上高と開発費用などを比較し、自分たちが作った製品がどれくらいの黒字を出しているか、はたまた赤字なのかを社内の全部門と情報共有します。1年間で1000個以上の新製品が出ますが、3年分は開発部門が個々の製品の利益率を追尾するのです。

個別製品の付加価値は、売り上げから開発費と製造原価を引いたもの。製造原価には原材料の仕入れと工場の製造コストが含まれます。リレー型の開発体制を取っている普通の会社では、開発部門は作ったらお役御免で、損益管理まですることは少ないでしょう。

このような仕組みをつくれば、当然、開発者は開発にかけるリードタイムを意識するようになります。開発にかける人件費は期間に比例するからです。会社全体としてはプレゼン会議が開発のスピードを上げる動力になっていますが、開発現場では製品ごとの損益管理をすることで、開発のスピードアップが図れます。

そもそも技術者は、自分が持っている技術を発揮することに関心を置きすぎです。技術そのものが売り上げに貢献したり、努力が売り上げに比例したりするわけではありません。ユーザーの役に立つ製品を開発して初めて、売り上げが上がるのです。だから開発者が、自らのユーザーイン視点が正しかったかどうかを、毎月の損益管理を通して確認する仕組みはとても重要なことだと考えています。

「PDC」で止まらせない

営業部隊も、得意先別の損益などを月次会議で発表します。営業にかかる人件費や経費、営業サポート部門の経費も頭数で計算します。こうすると、個々の損益が手に取るように分かります。これとは別に、ホームセンターやドラッグストアなど販路ごとの損益管理もします。利益が出ていない新製品があれば課題を抽出し、それに対してどうするかを細かく議論していく。実績の評価よりも、それを踏まえて何をどう変えていくのかが大事です。

アイリスでは、どんぶり勘定を一切しません。原価計算をしなければどこに問題があるのか、本当に儲かっているかどうかが分からない。それはマネジメントの基本中の基本です。本書のテーマである真の効率以前の問題であり、原価計算ができなければ、当然のことながら、いずれの経営が効率的かという検討すらできません。

利益計画に対しての達成率は毎月出します。新製品を出しても初年度は小売店、そして消費者の認知が進んでいないため、目標には届かないケースも多い。2年目、3年目に向けてどう周知・拡販をしていくのかが勝負です。売れない製品をボーッと何もせず続けても意味がない。売れなくてもすぐにはやめませんが、販促や価格の改定などをしても計画値とかい離している状態が改善されない場合は、製品のリニューアルを行います。

プレゼン会議しかり、アイリスではこうした計画達成のためのプロセスを、すべて会議で進めます。会議が無駄だという論調もありますが、それは定期的なルーチン業務であったり、出席しても議論がなされない内容だったりするからでしょう。経営陣と同レベルの情報を共有し、計画達成に向けて徹底的に議論するアイリスの会議は、それ自体が事業活動のエンジンです。

確実に結果を出すため、会議では必ず議事録を取ります。話し合った要点、浮かび上がった課題、その課題を誰がいつまでに解決するのか。これらを議事録に残す。そして会議後に議事録を配り、やるべきことをメンバーに確実に取り組ませる。議論を目標に向けて連続させることが重要です。

宿題の結果は、次の会議の冒頭で発表してもらいます。報告会で終わる会議では意味がありませんし、遅々として議論が前に進まない会議はやめたほうがいい。どんな組織でも、気を許したら、ＰＤＣＡが、ＰＤやＰＤＣで止まります。しかし途中で止まってしまっては決して達成率は上がらず、社員のモチベーションも低下します。だから、会議で議事録を取るなど、Ｃ（確認）やＡ（改善）を確実に促す仕組みを取り入れなくてはいけないのです。物事をゴールまで押し詰める習慣がついた社員は、計画の立て方、改善提案の質が上がり、ＰＤＣＡが驚くほど高速で回るようになります。

数値のない目標は認めない

どんな仕事でもそうですが、自分自身で創意工夫したことが高い成果を出すとうれしいもの。人は「やらされ仕事」は本気でやりません。でも、自分が作った計画なら、やる。それが評価されると、もっとやる。それが人間の性です。

そのためアイリスでは部門・チーム単位でも数値計画を立て、細かく採算管理をしています。数字にしないと、どれくらい実行したかが判然としないからです。営業部門、開発部門はもちろん、サポート部門、間接部門なども数字で目標を立てます。例えば広報・PR部門なら、ある製品の認知度が何パーセントだったものを今年は何パーセントまで上げる、家電メーカーとしてのブランドポジションをどのぐらいまで上げるといった数値目標に落とし込みます。

数値がない目標は認めません。数値で見ることで計画の達成度を細かくチェックできますし、自分の努力・工夫が数字に表れることで社員のモチベーションにつながるからです。改善の手を直接打つのは、社員たちです。社員は毎月、自分の仕事ぶりが損益として全社員の目に触れるのですから、安穏とはしていられない。赤字なら頑張ろうと思うし、黒字ならもっと利益を伸ばそうと考える。数字をオープンにすれば、社員は自ら知恵を絞るのです。

正確な赤字把握が改革の前提

私は連結決算には反対です。企業グループの実態を正しく知るという連結決算の目的は理解できます。でも、連結決算をいいように使い、赤字会社が目立たないように装うケースもある。連結決算は投資の目安としては便利ですが、個別事業の損益が見えにくく、赤字部門の対策が後手に回りかねない。早く手を打てば、会社を潰さなくて済んだケースもあるはずです。分社化したグループ会社にも、競合する企業が存在します。製造か販売かなどにより利益率は異なりますが、原則は、同種の企業以上の利益率を出すことが基本です。

アイリスはそうした損益管理を曖昧にせず、事業や製品のブラッシュアップを常に繰り返してきました。アイリスの〝新製品打率〟は6割です。当たったら売り上げ規模が数十億円になるような〝ホームラン商品〟よりも、生活の中の不満を発見して、新しい提案を加えた製品の開発を優先していることもありますが、やはり強みは仕組みです。ユーザーインで全部門が同時に製品開発に向き合う。そして製品発売後は、月次会議でやはり全部門が同時に改善プランを練り、確実に実行する。この仕組みの成果です。

利益管理においては、特異なことをする必要はありません。利益を出すために何をすればいいのかは実は皆、分かっているからです。必要なのは正確な利益の把握。部門別・製品別などどこまで利益を細かく算出できるかです。管理というのは能力や手法ではなく、それを徹底的にやりきる執念にかかっているのです。

6章

仕組みの横展開

ここまで、いかなる時代環境でも必ず利益を出すために、アイリスが長年かけて築いてきた仕組みを説明してきました。こうした仕組みを確立すれば、より大きなビジネスチャンスをつかむ可能性を引き上げられます。本章では、アイリスの「ジャパンソリューション」と「グローバル展開」について、仕組みと絡めながら説明していきます。

ジャパンソリューション

東日本大震災の発生以降、原子力発電所の事故により節電が日本の大きな課題となりました。家庭でもオフィスでも節電に取り組みましたが、頭を抱えていたのが小売業です。店内の照明が暗ければどうしても活気に欠け、売り上げは減るからです。節電をしながら明るい売り場をどう作るか、という課題が突如として持ち上がったのです。

当時、日本の全電力の約30％が照明に使われており、これをＬＥＤ化すれば15％の電力削減が見込まれました。節電のためにＬＥＤ化を図る企業や家庭はきっと増える、増やす義務があると考えました。しかし、照明業界では安全を推進するためにLEDランプの新規格を定めており、それは既存の器具に取り付けられない蛍光管タイプでした。

これは業界都合でありユーザーインではないと考え、アイリスは設計を見直し、既存の器具に取り付けても安全なLEDランプを開発します。ユーザーにとっては初期投資を抑えることができるので、特に小売業には大変喜ばれました。

震災から2カ月後の2011年5月、アイリスのLED照明の受注量は前年の3～5倍に達しました。中国・大連工場で迅速に増産する瞬発力がなければ、とても対応できなかった量でした。その後、家庭用のシーリングライトの開発にも着手し、「省エネ大賞」を5年連続で6度、受賞することになります。

会社として、社会の要請にここまで真正面から応えたことは初めてでした。このことを機に私は、アイリスの新しいあるべき姿を見いだしました。

「ホームソリューション」から、「ジャパンソリューション」へ――。

生活者の不満・不便の解決に加えて、日本の課題解決へと事業の幅を広げる方針を打ち出しました。震災の後、全国各地から東北の地にたくさんの義援金、ボランティアの支援をいただき、何か社会にお返しをしたいという思いもありました。

以来、ジャパンソリューションという軸で、事業領域の幅を広げています。

その一つが、既に本書でも触れているコメ事業です。東北の復興は、東北の強みを生かさなければ長続きしない。東北のコメを全国ブランドにし、北海道から九州各地まで販売することを考え、2013年、仙台市の農業生産法人「舞台ファーム」と、精米事業の共同出資会社「舞台アグリイノベーション」を設立。東北の農業、日本の農業を活性化するため、コメを低温精米・低温保存し、3合ずつに小分けしてパック詰めした商品を売り出しました。開封後の品質劣化から解放され、この手法ならおいしさと鮮度を長期間保てるので、日本人のコメ消費量を上げることができると見込んでいます。

商品は、全国のスーパー、ホームセンター、コンビニ、外食チェーンなど幅広く導入を進めてきました。アイリスには、メーカーベンダーによる需要創造と市場創造の仕組みがあるからできることです。どんなコメ商品なら売れるかをユーザーインのアプローチで考えて開発し、その商品を問屋を通さずにダイレクトに小売店に届けるのです。

今後は、アイリスのグローバル拠点を生かして、コメを「輸出競争力のある、付加価値の高い商品」にしたい。そのため、農業後継者に対して作付けなどの営農指導、コメの全量買い付け保証（契約栽培）、低価格での肥料販売などを、アイリスが直接、あるいは舞台アグリイノベーションを通じて展開しています。

日本のお家芸、家電産業を救う

家電事業もジャパンソリューションの一環です。

本格参入したのは2012年。「アイリスが家電？」と驚く人も少なくなかったようですが、アイリスは以前より、ホームセンター向けの事務用品として、シュレッダーやラミネーターを開発していました。LED照明事業を通じ、電源設計や電子部品を取り扱うノウハウも蓄積。電気関係の技術者が社内に育ったこと、また、大抵の筐体はプラスチックで作られていることから、家電はチャレンジしがいのある事業と判断したのです。

そして何よりも、当時、多くの家電メーカーが韓国や台湾などの海外メーカーに押されて大苦戦をしていました。数千名単位での人員削減や、家電事業そのものの売却などのニュースがメディアを賑わせ、優秀な技術者の失業や海外流出が社会問題となっていました。ここに、アイリスならではのソリューションを提供できると思いました。

私が考える家電メーカーの不調要因は、第一に組織の肥大化です。売り上げ規模が数百億円から数千億円、そして兆円台に伸びていく中で、組織の論理が先に立ってしまい、生活者視点の製品開発を得意としていた日本の家電メーカーの動きが鈍くなったのだと思います。リスクを取った製品開発ができず、横並びの製品ばかりになってしまった。

第二に、シェア第一主義の営業展開をしたこと。自社の強み、弱みに関係なく、自社が有する販路で流せる製品に絞って、品ぞろえを展開したほうが目先のリスクは少ないからです。これらの要因で、特徴のある製品が出にくくなったのです。

アイリスが家電事業に本格参入することで、家電の技術者たちの雇用・活躍の場を創出でき、そして、ユーザーインで独自性の高い製品を開発することにより、日本の家電業界を盛り上げることができれば、大きな社会貢献になると考えました。

ところが、予想に反して家電技術者の採用は困難を極めました。家電メーカーの開発拠点は関西に多く、生活の基盤をアイリスの開発拠点のある宮城県に移すことをためらう人が多かったのです。特に大手メーカーに勤めていた人ほど、まさか自社が他社に買収されたり、自分がリストラに遭ったりするとは考えておらず、関西に住宅を購入していました。

そこで「拠点に人を集める」のではなく、「人のいるところに拠点をつくる」と発想を転換。大阪の中心地である心斎橋にR＆Dセンターを設けました。新拠点設立のニュースは新聞やテレビで大きく取り上げられ、大手電機メーカーやその下請け先で働く社員から応募が殺到しました。こうして電子レンジや冷蔵庫、エアコンや洗濯機など、アイリスにはないノウハウを持つ多彩な人材を集めることができたのです。

R＆Dセンター設立により、続々とユニークな製品が出てきました。

一例を挙げれば、「銘柄炊き炊飯ジャー」「サーキュレーター衣類乾燥機」など、ニッチですが斬新な発想の製品。また、従来の白物家電の多くは4人以上の家族を想定していましたが、世帯数の6割を少人数世帯が占めるようになり、高齢者の独り暮らしも年々増えています。業界最軽量の掃除機「超軽量コードレススティッククリーナー」や、2種類の料理をスペースを取らずに同時に作ることができる「両面ホットプレート」などのヒット商品は、そのような変化をユーザーインの視点で見つめる中で生まれました。

日本のメーカーだからこそ、日本の生活に合う製品を開発できるはず。今後も生活者のニーズに合う家電を開発し、家電産業復活のソリューションをアイリスは提供します。

ジャパンソリューションは、日本の課題に対して製品を通して解決することです。社会問題なので潜在市場は巨大ですが、その分、課題解決の難易度が高い。このハードルを越えるには、需要創造と市場創造の両輪をしっかり回すことが不可欠。アイリスの強みを存分に生かすことができると考えています。

大連工場は日本国内工場の延長

グローバル展開についても、アイリス流のマネジメントを生かしています。経常利益の50％を投資に回すという目安に従い、海外での事業立ち上げにも積極的に資金を投じてきました。経常利益の何倍もの資金は投じませんが、失敗しても本体にさほど影響が及ばない範囲で、しっかりリスクを取る。このスタンスを海外投資にも当てはめています。

1996年、中国・大連の輸出加工区に進出しました。

翌年に大連工場が竣工すると、プランターや猫用トイレ、ホースリール、噴霧器などの生産が始まりました。日本工場の延長でものづくりをし、国内工場との違いは通関業務と、コンテナ輸送のリードタイムが1週間余分にかかるだけです。

ただ当初は、現地社員500人に対し、日本から50人の技術者を派遣して、手取り足取り指導しながら生産をしましたが、なかなか品質が上がりません。現地社員にしてみれば、植物を育てたり、ペットを飼う生活習慣があまりなかったため、品質に対する判断が理解できないのです。また、日本語での説明も十分理解できませんでした。

大連工場のコンセプトは、日本工場と同じものづくり、管理方式です。コンピューターの言語も書類もすべて日本語。日本語の理解力が生産に大きく影響するのです。そこで、大連の社内で日本語教育を徹底。半年ごとに検定テストを実施し、日本語手当のインセンティブを高くしました。宮城県・角田工場には中国人社員のために研修センターをつくり、毎年60人以上の社員を選抜し、半年間の日本語研修を行いました。

このように教育に力を入れてきたことで、問題を一つ一つ解決。ほどなくして、現地に任せる経営が可能になったのです。現在、約9600人の現地従業員に対し、日本人社員は技術者を中心に10人以下。グループ総経理や各事業部の責任者には中国人社員を登用しています。

海外で距離が離れているからこそ、ローカルの人を幹部に育てないと会社はうまく回らない。そのために、朝礼の内容も時間差はあっても、海外のスタッフ全員に伝えていますし、プレゼン会議や幹部研修会も、テレビ会議で海外グループ会社の幹部にも参加してもらう。主体的に動く社員を何人育てられるかが、グローバル展開の勝負の分かれ目です。

中国はSPA展開からネット通販へ

2000年代に入ると、中国の経済発展にさらに拍車がかかりました。日本の高度経済成長期を思い起こさせる情景に、これからは中国の生活者の間で「より豊かに、より快適に過ごしたい」という思いが急速に高まると考えました。そこで2003年、大連市の中心部に直営店「IRIS life（アイリスライフ）」の1号店を開店。アイリスブランドの製品を販売し、中国の人々に日本流のアメニティライフの提案を始めました。

日本と異なり、「SPA（製造小売業）」という業態で中国市場の開拓に乗り出したのは、2つの背景があります。1つは、中国には、日本でのホームセンター業界のような確立した流通チャネルがほとんどなかったこと。もう1つは、現地の中国工場がデパートメントファクトリーとして、プラスチックや金属、木など多種多様な素材の製品を取り扱っているので、小売店を展開したほうが、そのメリットを存分に生かせると考えたからです。

「ユニクロ」のような衣類、「ニトリ」のような家具など、業種を限定したSPAは日本でも前例がありますが、「アイリスライフ」のように収納用品やペット用品、園芸用品、家具、家電、照明まで、ありとあらゆるものを自前で品ぞろえするSPAは他に類を見ません。

アイリスの店を出した当時、中国の人にとっては高価でしたから、受け入れられるだろうかという不安はありました。蓋を開けてみると、日本メーカーの製品に対する信頼は厚く、またマンションの建設ラッシュなどを追い風に、収納用品を中心に販売は好調に推移します。北京、瀋陽、上海などの都市へと店舗網を年々拡大。2010年末には直営店とフランチャイズ店を合わせて160店舗体制を確立しました。

その後は、中国国内でのインターネットの急速な普及を受け、戦略を店舗展開からネット通販事業にシフトしました。ネット通販市場は日本の約16倍に当たる約160兆円に達しており、今なおハイペースで拡大が続いています。この流れをつかみ、2011年には中国国内向けの新工場として蘇州工場を立ち上げます。さらに2017年には広州工場、2021年には天津工場が稼働します。

これらにより、中国全土への万全な商品供給体制が整います。アイリスは、中国国内の流通やライフスタイルの変化にスピーディーに対応することで、中国の人たちから圧倒的な支持を受けるブランドになるために力を注いでいます。

物流の視点で海外拠点も選定

アイリスのイノベーションの中核は、プラスチック成型によるイノベーションです。これを武器に、日本だけでなく、米国、欧州、中国、韓国で事業展開、市場を創造しています。プラスチックの生活用品メーカーでは世界ナンバーワンの規模でしょう。

一見ローテクの製品がイノベーションにつながる理由は物流にあります。製造原価の中では、原材料費、人件費、光熱費が大きなコストですが、プラスチック収納ケースのような、かさが大きい製品は物流費がかかり、場合によっては人件費を上回ります。

そのためアイリスでは、国内に「選択と分散」の戦略で、9工場を展開してきたことは前述の通りです。これは海外戦略においても同様で、1994年に進出した米国では現在4工場体制、1996年に進出した中国でも大連・蘇州・広州・天津の4拠点体制を整えており、大きなマーケットに対しては複数の拠点を持つようにしてきました。

米国ではウィスコンシン州、テキサス州、アリゾナ州、ペンシルベニア州に工場があります。3番目のアリゾナ工場はロサンゼルス市から車で約8時間のサプライズ市にあり、隣のフェニックス市は米西海岸の一大物流拠点です。ウォルマート、コストコ、アマゾンなど大手小売りの物流センターが集中しています。米国でも、物流の視点で工場の立地を決めているのです。

欧州市場には、1998年にオランダに工場を設けました。

バブル崩壊後の価格競争でクリア収納ケースを米国に持っていったと話しましたが、実はその後、米国でもコピー商品がたくさん出てきたので、次にオランダに拠点を置いたのが、欧州進出の発端です。コピー商品の乱立がアイリスの世界展開を後押ししたという意味で、この点も、ピンチがチャンスを生んだといえます。

海外の製造工場というのは、立ち上げてすぐに軌道に乗ることはまれです。3年、5年と歳月をかけて、社員の意識や技術が高くなるからです。オランダでは、家族懇親会などを頻繁に開くことで、アイリスという会社に深くコミットメントしようというモチベーションを現地従業員に持ってもらう努力を続け、成長の原動力にしてきました。

欧州でもネット通販が拡大していることもあり、さすがにオランダだけでは能力の限界が来たため、2019年、欧州で2つ目となるフランス工場を竣工。欧州の中でも、特にフランスの売り上げが大きく、消費地に近いパリ郊外に生産拠点を設けました。収納用品に加え、家電製品の販売を欧州では強化しています。

韓国には、ソウルオリンピックが開催された1988年に現地法人を設立しました。設立当初は主にアイリスの金型調達の拠点でしたが、2003年に、中国・大連工場で生産した製品などを、韓国国内市場に販売するための物流センターを設立。最近は韓国のネット通販市場の拡大を受け、大きく売り上げを伸ばしています。

2019年には韓国初の生産拠点、仁川工場を竣工し、家電・収納製品を作っています。これは韓国国内向けだけでなく、米国市場もにらんだものです。中国工場から米国への輸出には、米中貿易摩擦の影響で関税引き上げのリスクがあります。韓国は米国や欧州とＦＴＡ（自由貿易協定）を締結しているため、国際情勢を見つつ、韓国からの輸出量を調整する戦略です。

マスクを現地生産・現地販売

新型コロナを契機に、各社でグローバルサプライチェーンの見直しが始まっています。今後は「現地生産・現地販売」の体制をどこまで整えられるかが、グローバル展開の勝負でしょう。

コロナの感染予防のため、マスクの需要が世界各国で急拡大し、中国政府が「マスク外交」を展開、大量のマスクを世界に供給しています。しかし、各国とも「安心・安全商品」は自国生産を要望しており、アイリスではそれに応えるため、米国のウィスコンシン工場、フランス工場、韓国工場で２０２０年秋にマスクの生産がスタートします。

量産体制を確立している中国で作り、輸出したほうが効率的ではないかという見方もあるでしょうが、強いのはやはり「現地生産・現地販売」です。こうした一連の戦略は、「選択と分散」をグローバルに加速しているといえるものです。

世界に拠点は広げますが、今のところ開発を担当するのは日本です。海外でのユーザーイン開発はしていません。一般市民の生活水準は米国や欧州、中国より、日本が一番高い。だから日本で売れているものが、世界で売れます。現地化は生産と販売だけで、日本で開発します。その代わり、工場などの拠点は世界にどんどんつくっていきます。

各国の情報をICジャーナルで共有

世界各国に生産・販売拠点を広げてきたことは量的な拡大に加え、質的な進化ももたらします。各工場で競い合っているロボットによる自動化ラインは、世界でも最先端のレベルを有していると思います。中国の自動化チームで運用された自動化システムは、各国の工場で競い合いながら進化させています。

　また、アイリスでは米欧中に拠点を分散させ、それぞれの拠点でしっかり人を育てているので、世界の情報がリアルタイムで入ります。米国で起きていること、欧州で起きていること、中国・韓国で起きていること、アイリスでは各国の社員全員が、ICジャーナルを書きますから、世の中の経済環境、生活者の変化がつまびらかに分かります。

　例えば、欧米と日本の仕事の取り組み方は大きく違います。ウイルス感染予防には「三密」を避けるしかありません。しかし、東京の現状は通勤においても企業の効率優先です。また、男性中心の社会で構成されており、ダイバーシティを進めなければならないと考えます。そうしたことがICジャーナルを通して、ひしひしと伝わってきます。

　人件費の安い国でまとめて生産して、そこから各国へ輸出する経営をしているような会社では、仮にICジャーナルのような仕組みがあったとしても、現地の本当の情報は分からないでしょう。それぞれの国で主体的に動いているから、深いレベルの情報が入るのです。

　アイリスの場合、グローバル拠点は単なる生産拠点ではないのです。いろいろな文化を持った各国の人たちが強い仲間意識を持ちながら、高いモチベーションでアイデアを出し、互いに切磋琢磨していく強固な組織になっているのです。

アイリスの企業理念の第3条は、「働く社員にとって良い会社を目指し、会社が良くなると社員が良くなり、社員が良くなると会社が良くなる仕組みづくり」。ここでいう「働く社員」とは、日本で働く社員だけでなく、海外の拠点で働く社員ももちろん含みます。アイリスのグローバル展開が成功しているのは、この点をぶらしていないからです。

7章 ニューノーマル時代の経営

CHOICE 15

業界は「守るべきもの」か「壊すべきもの」か

コロナショックで世の中が変わろうとしています。新しい時代環境においても、利益を出し続けるにはどのような考え方が必要なのかを、最後の章では考えていきます。

ロックダウンなどにより、世界の人々が自宅での生活を余儀なくされました。その結果、当然ながらインターネットでモノを買う習慣が一気に浸透しました。

日本は比較的、駅前消費型でリアル店舗がたくさんあるため、ネット通販の伸びが世界に比べて遅れていましたが、一気に広がりました。アイリスでは日本だけでなく、米国、欧州、中国、韓国でもネット通販を展開していますが、2020年のネット販売の売り上げは各国とも、前年の2倍を超える勢いで推移しています。

急加速するネットシフト

では、コロナ感染が終息すれば、ネット消費からリアル消費にまた戻るのでしょうか。もちろんある程度は戻るでしょうが、すべてが戻ることはないでしょう。理由の1つは、一歩も外に出ないで購入できるネット消費は利便性が高いからです。リアル店舗にはエンターテインメント性などの強みがありますが、欲しい物が決まっている場合はエンタメ性は要りません。ならば、便利なネットで購入しようという行動になります。

もう1つの理由は価格です。

日本は昔から、良い物を高く売る傾向が強いのですが、これは、流通の事情も大きく影響しています。10万円のテレビを売るより、20万円のテレビを売ったほうが多くの利益が得られるからです。

これはマーケットのニーズですが、ユーザーのニーズとはずれています。ユーザーは良い物を適正な値段で売ってほしいのです。

メーカーや問屋、小売店のほうも、単純に高くするのではなく、「この機能は良いですよ。この機能が付いていることを考えれば、割安です」と必死に説得力を持たせますが、本当に良い機能と、ありがた迷惑の機能が混在しています。家電製品が典型例です。

ユーザーが本当に求めているものを明確にし、適正な値段で提供するということが、日本の流通構造の中ではとてもやりにくかったのです。

それがネット通販では、メーカーと消費するユーザーが直接つながる。中間流通を省けるので合理化が図れるのもメリットですが、それ以上にユーザーが求めるものを、流通の余計な思惑が介入することなく、素直に提供できるメリットのほうが大きい。逆にいえばネット通販では、いやが応でもユーザーインの経営に転換しなければならないということです。

価格はネット通販のほうが下げやすいので、今後、リアル店舗の価格とネット通販の価格がかい離していくことになる。

中国ではリアル店舗が充実する前にアリババが市場をつくってしまったので、ネット通販が早くから主流を占めていますが、日本でもコロナを機に、消費者がネットにシフトしていくのではないかと思います。

2001年からネット通販に注力

アイリスは、日本のネット通販の世界ではトップクラスの成功例と自負しています。事業をスタートしたのは2001年です。

当時、アイリスのメイン取引先はホームセンターでした。その頃の製品点数は約7000点と既に多かった。当たり前ですが、店舗の売り場には限りがあり、すべての製品が陳列されているわけではありません。また、全国のほぼすべてのホームセンターと取引していたため、他社チェーンと製品を差別化したいというホームセンター側のニーズに応え、機能やデザインを少し変えた製品を多数開発していました。

その結果、ユーザーから「この製品はどこに行けば買えるのか」といった問い合わせをたびたび受けるようになっていたのです。

ご要望に応えるために、電話注文の仕組みは設けていました。そんな折、インターネットが普及し始めたことを受け、2001年という比較的早い時期からネット通販事業に注力していったのです。

仙台市内にあったアンテナショップの一角、わずか5人のスタッフでネット事業を始めました。製品に関するお問い合わせの電話を下さった方や、アンテナショップにお越しになった方へ通販サイトのサービスをご案内し、お客様になっていただきました。同時に、数千にも及ぶアイリス製品の画像やスペックの登録を地道に積み重ねていったのです。

これほどネット上で買い物をすることが当たり前の時代になっても、ネット通販サイトを自社で運営し、十分な利益が出ている会社はまだ少ない。

サイトを作って、倉庫に預けて、配送をしてとなると、1億円くらい売っても人件費分にもならないからです。年間3億円ぐらい売らないとペイしないでしょう。ネット通販で3億円を売っているところがどれだけあるのかと考えれば、利益が出ている会社の数がなんとなく想像できると思います。

どの会社も最初は手探りで、アマゾンや楽天などのECプラットフォームで売りますが、大抵の場合、リアル店舗に比べれば利益は少ない。それならばと自社サイトを作って本格的に始めてみると、ことごとく大赤字に陥ります。多くの場合、会社全体に占めるネット販売の比率は1ケタ。10%を超えている会社はほぼないと見ています。

ネット通販と相性がいいのはなぜか

では、アイリスのネット事業の成功要因は何かというと2つあります。

1つは2万5000アイテムという製品点数です。いかなる時代環境でも利益を出す仕組みをつくるために、業界の枠を越えて多種多様な製品開発を進めた。とりわけ、流通で主導権を握るために、問屋機能を取り込んだメーカーベンダーという独自の業態を選択したことで、アイリスの製品点数は広がりました。

それは一般的なメーカーからすると「非常識な製品点数」かもしれませんが、いずれもプレゼン会議を通して生まれたユーザーニーズに合った製品であり、月次会議で緻密な原価管理をすることで赤字商品がほぼ皆無という状態です。

製品点数の多さはアイリスにとっての永続戦略であるわけですが、これがネット通販事業ととても相性がいい。

メーカーが自社サイトを作る例は山ほどありますが、そこに掲載してある商品が特定ジャンルで種類も少ないため、ユーザーが頻繁に来店するには物足りない。そのためどうしても、アマゾンや楽天のサイトに頼らざるを得ないのですが、かたやアイリスの通販サイト「アイリスプラザ」には月間3500万人が訪れます。


ネット通販成功のもう1つの理由は、物流に力を入れてきたことです。

かつての主力製品であるプラスチックの収納ケースは運賃効率が悪い製品でした。中は空洞で軽いけれど、体積は大きい。しかも単価は高くない。これをホームセンターなどの小売店までどのように運べばいいのか、物流の課題解決には試行錯誤してきました。

そのため、運賃については以前からシビアに管理していました。一般的に運賃や保管費は販管費として計上されますが、アイリスの単品商品管理では、運賃を製造原価に加えて利益計算をしています。原材料費、人件費、設備費などの製造費用、運賃や保管費などの物流費用を細かく計算。製造原価は黒字、しかし納品してみたら赤字という事態を防いでいます。

北海道から佐賀県まで9カ所に、工場兼物流拠点を設けているのは、天災など外的環境の変化に対するリスク回避のためでもあり、製造地から小売店までの配送距離をできるだけ短くするためでもあるというのは、前述の通りです。この分散戦略がネット通販事業においても効果的に働いているのです。

アマゾンの巨大物流倉庫を報道で見た人もいるでしょうが、ネット通販事業とは究極的には物流事業です。魅力的なサイトで買い物を楽しんでもらい、注文があった製品を迅速に届ける。この2つに尽きます。アイリスの通販商品は注文主の住所によって、どの拠点から出荷するかを自動で差配し、提携している最寄りの宅配便会社の配送センターに届けます。

いかなる時代環境でも利益を出すアイリスの仕組みが、そのままネット事業の体制として生かせているのは、偶然ではありません。

ネット事業とは、自宅にいながら、多様な製品を割安な価格で買いたいというユーザーの欲求で伸びてきた販路です。アイリスもまた、ユーザーが求める多様な製品を、ユーザーが求める価格で提供するために、数々の仕組みをつくってきた会社です。両者が符合するのは当然なのです。

もちろん、アイリスはホームセンターやスーパー、コンビニエンスストア、家電量販店などと取引があり、これらをなくすわけではありません。リアル店舗の売り場作りもしっかり提案しており、今後も全方位に力を注いで売っていきます。ネット通販市場も絶対ではない。時代環境の変化に対応するには、複数の販路が重要です。消費者がどの店で買うのかは消費者自身が決めるので、全方位の売り場で製品を提供するのがユーザーイン発想です。

作り手と使い手がダイレクトにつながる

ネット通販ではダイレクトにユーザーに販売できます。流通の思惑で不要な機能が付くこともなくなりますから、ユーザーは欲しい製品がより手に入りやすくなります。

しかも、製品は無限に並べられる。ニッチ分野のロングテール商品も排除されない。「作り手」と「使い手」がつながる結果、作り手の製品をいかに効率的に使い手に届けるかという物流が注目されるというわけです。

そこで重要になるのが分散戦略による物流コストの削減。加えて、需要予測も大切です。通常、企業規模が拡大すると、製品数が増え、在庫管理や販売予測が複雑化し、難易度が上がります。アイリスでは販売店であるホームセンターなどと、各工場の在庫を管理するホストコンピューターをつなぎ、注文と同時に、近隣の工場の在庫を引き落とします。

適正在庫を割ったら自動的に補充され、将来予測が修正されて生産指示を出す。受注から生産、配達指示もすべてこのコンピューターがコントロールしています。これで受注から発送までのリードタイムが短縮されますし、小ロットで多品種の納品も可能になります。

メーカーにはブランド力も求められます。

店なら目の前で製品が見られるから、初めての店でも納得して購入することができます。かたやネット通販の場合は、どういう会社なのか、どんな人が売っている製品なのかが、分かりにくい。製品そのものも手に取ることができない。

その分、共感度、信頼度の高さがものをいう。アイリスの家電が売れ出したのは、実はネットでアイリスの収納用品やペット用品を買ってくれ、アイリス製品に関して相応の満足度を感じた人たちが、「アイリスの家電だから大丈夫だろう」と信頼しているからです。

業界の垣根も低くなります。既存の流通は、業界ごとに流通網ができている。生活雑貨なら、メーカーから日用品を扱う問屋を経由し、スーパーやホームセンターに流れる。加工食品ならば、メーカーから食品を扱う問屋を経由し、スーパーやコンビニに流れる。業界ごとのルートが整然と出来上がっているのです。

しかも、これまで取引のない業界に参入することを「口座をつくる」という言い方をしますが、あまりブランド力のない中堅・中小企業にとっては、とてもハードルが高い。

その流通形態は大量生産・大量消費時代には合っていましたが、業界にこだわらず、もっと自由に製品を開発したいと作り手が考える時代においては制約になります。

ネット通販ならば、その慣習から解放されます。例えば、サントリーがネットでサプリメントを販売していますが、そういうことが自由にできる。業種・業界をあまり気にする必要がなくなるのです。

家電を買うなら日立や東芝、という感覚は以前より薄れています。個人がデザイン性などに優れた家電を企画し、それを協力工場に発注し作り、ネットで販売する。そんな「一人家電メーカー」が人気を呼ぶような時代なのです。

特徴のある中小企業に脚光

ユーザーにとってアイリスはどんなイメージでしょうか。

いろいろな生活用品を取り扱っており、最近は独自性のある家電も出している。マスクの大量供給をして社会への貢献度も高い。「何屋さん」なのかはよく分からないけれど、頑張っているから一度サイトを見てみよう――。こんな感じでしょうか。

そして実際に、例えば家電を買ってみて満足度が高ければ、家電の次はコメ、コメの次は園芸用品と、ユーザーはジャンルを気にせず、商品を買いに来てくれます。アイリスが何の業界に属している会社かは気にしていません。

その代わり、会社に対する共感度・信頼度が必要です。単に高い知名度を持っているということよりも、この会社は安心できる、この会社の理念に共感できるといったことのほうが重要です。これが何をもたらすか。

特徴がある地方の中小企業に活路が開けるのです。北海道のタラバガニや毛ガニをサイトでただ並べるだけでは売れませんが、そこにストーリーやこだわりがあれば、共感する人が大勢集まります。規模が小さなうちは、注文を受けた商品を宅配便会社に取りに来てもらえばいいので、特別な物流体制を組む必要もありません。

これも結局、効率論の誤謬です。地方にはそれぞれの良さがありますが、大量生産・大量消費時代には画一性が求められるため、地方の良い商品を全国流通網に乗せることができなかった。そしてバブル崩壊後、物不足から物余りの時代に変わりましたが、ほとんどの会社はプロダクトアウトの経営を続けたのです。

アイリスは１９９０年代、ガーデニングブームを仕掛けました。当時、園芸というのは一部のマニアのものでしたが、「育てる園芸」から「飾る園芸」へ、というコンセプトで、ホームセンターにおしゃれな園芸用品を投入したのです。

すると、何が起きたか。育てる園芸の世界では「１００円のプランター」と「５００円のプランター」に機能の違いがなければ安いほうがいい。けれど屋内などにも飾るとなったら、全然違う。デザイン性がよければ５００円のプランターを買うのです。アイリスは提案型の製品によって潜在需要を顕在化させ、価格競争と距離を置いて拡販に成功したのです。

大量生産・大量流通を今も引きずっている会社は、週に数えるほどしか売れないような商品は切り捨てる。全部、効率論です。時代変化に合わせて経営を変えなければいけなかったのに、なかなか変えることができなかった会社は少なくありません。それが、コロナショックを機にネットシフトが進むことで、いよいよ変わります。

業界の垣根を飛び越える

一方の店舗はどうなるかというと、売れ筋を棚に並べる経営から、長く滞在してもらうための楽しさなどをこれまで以上に追求するようになるでしょう。店で買う意味が問われてくる。これまでの常識に固執していては、店舗の存在意義はなくなります。

それは小売店以外にも当てはまります。

例えばクリーニング業界では、衣服を洗うだけでなく、衣服を保管するサービスを取り入れる企業が相次いでいます。消費者にとっては、冬場のコートがクリーニング店からきれいになって戻ってきても、翌シーズンまでクローゼットの奥にしまっておくだけです。ならば、洗ってそのまま預かってくれればありがたい。このモデルでは、土地が安い地方のクリーニング店のほうが倉庫を広大に取れるので、有利です。実際、保管サービスを付加した地方のクリーニング店がネットで全国から顧客を集めています。

このビジネスモデルを採用しているクリーニング店は、クリーニング業界なのか、倉庫業界なのか、もはや判然としません。私はユーザーインのイノベーションの多くは、このように業界の枠を超えるものであると考えています。

狭い視野ではユーザーの表面的なニーズしかつかむことができませんが、業界にとらわれず、広い視野で眺めれば本質的なニーズをすくい上げることができるからです。それは、製造業にもサービス業にも同じように当てはまり、そしていずれの場合もネットを使いこなすことが鍵になります。業界の仲間同士で愚痴を言い合う暇があるならば、業界の枠を飛び出す事業プランを一刻も早く考えることが求められます。

業界の垣根がなくなるだけでなく、都市と地方の垣根もなくなっていくと思います。在宅勤務がノーマルな働き方になると、東京の一極集中も緩和されます。東京の人口は約1400万人。市場が巨大ですから企業も経済効率を求め、東京に集まりました。通勤に往復で2時間も3時間もかかる東京は、生活者にとっては不便です。物価も高い。それは分かっているけれど、これまでは地方に働き口が少なかったから若者は都市に出ました。

その流れを変えつつあるのが、人口減少です。団塊世代が生まれた頃に約270万人だった出生数は年々減少して今や約90万人。当然、人手不足になる。そこで地方都市に企業が拠点を増やしており、宮城県でも引く手あまたです。

東京で年収600万円の人と、地方で年収500万円の人を比べれば、収入が低くても、物価が安くて土地も広い地方のほうが豊かに暮らせますから、地元で就職したいと思う人が増えるのは自然でしょう。

「地方の時代」が始まる

企業が地方から東京に人を呼ぶのではなく、企業が地方に行き、そこで採用する動きが始まっています。経営は、企業優先から働く人優先に変わる。働く人が快適に暮らしやすい場所に、企業が行かなければならない。まさしく地方の時代です。

米国では、早くから地方に目が向いています。

例えばシアトルにはボーイング、マイクロソフト、アマゾン、コストコ、スターバックスなどの本社・本拠がある。カナダの南に位置するシアトルは、マーケットとしては最悪の場所です。なぜ、そんな田舎町に本拠を置くのかというと、生活が快適で、優秀な人材が集まるからです。市場の大きさではないのです。

そして、地方シフトのもう一つの流れが、コロナショックです。会社に出勤しなくてもいい。家にいながら働ける。ならば、地方に住もうとなるのは自然です。

しかしながら、人口が少ない地方はそれだけ需要も少ない。そこで地方企業に必要になるのが、自ら需要を創造することです。

世の中にあるものを後追いするキャッチアップ型の経営では、東京の会社に勝つことはできない。キャッチアップ型の製品を売りたいなら、やはり東京に出たほうがいいでしょう。地方なら10万人しか住んでいない町もたくさんありますが、東京は1400万人もいます。市場の大きさは全然違います。

アイリスが仙台から発展したのも、キャッチアップ型ではなく、需要創造型だったからです。仙台工場を竣工した約50年前は小さな会社でしたが、新しい園芸用品、ペット用品などで需要をつくり上げてきました。

実は地方に住んでいると需要を創造しやすい。地方の人々はアフターファイブを楽しむ時間が十分にあるので、生活者の視点に立って物事を考えるという点では、満員電車に揺られて夜遅くに帰る東京の人より有利です。

また、東京は市場が大きいから、アイデアが良ければすぐにそれなりの事業規模になる。地方は市場が小さいから、どうすれば売れるかと考えざるを得ない。東京は市場にポンと製品を投げればいいが、地方では特定の人を思い浮かべて「こういう人のために、こんな製品を作ろう」と考える。つまりユーザーインの発想です。

市場が小さいので、個々の消費者のことを考えた製品を出さなければ、事業が成り立たない。だからこそ、新しい需要を創造できる。「ユニクロ」のファーストリテイリングは山口県宇部市から、ニトリは札幌市から始まった。みんな、最初は地方で事業を始め、その成功モデルを全国に広げたのです。

IT企業を除けば、ベンチャー企業の大半は地方から生まれています。それに地方は事業コストが安い。東京は家賃も人件費も高いので、最初から相応の収益が求められますが、地方は家賃も人件費も安いので、失敗できる。

製造業だけでなく地方のサービス業も、ユーザーインの発想をすれば需要をつくれます。こだわりのレストランや旅館をつくり、東京からも集客しているという例はよく耳にするでしょう。それは目の前のお客様をとことん満足させようと考え、新しいタイプのレストランや旅館を創造したからです。それができれば、全国のお客様を相手にできます。

ネットでモノを買い、ネットを使って遠くのレストランや旅館を探す時代です。ネットでは企業とユーザーが直接つながり、製品やサービスのレビュー（評価）も書いてくれる。ネット社会の到来は、地方の企業にとって歓迎すべきことですし、あらゆる企業にユーザーインの考え方へ転換することを迫る要因にもなるのです。

経済のブロック化で進む分散戦略

コロナショックにより、サプライチェーンはいよいよ見直しがかかっています。ただでさえ保護主義の台頭により経済のブロック化が進んでいたところに、コロナショックで国境がほぼ閉鎖されてしまった。

東日本大震災のときにも、長いサプライチェーンの見直し議論が湧き上がりましたが、結局、目先のコスト低減を優先してしまった。

しかし、新型コロナは世界規模で企業に影響を与えています。何十円かの部品が海外から調達できないために、何万円の製品を作ることができないという事態が起きました。部品メーカーの下請けの、さらに下請け、つまり孫請けが大切な部品生産を担っていたのが現実です。もはやサプライチェーンの再構築は待ったなしです。

目先の効率で原材料メーカーや生産拠点を絞るのではなく、消費地に近い場所で分散生産し、配送することでビジネスチャンスを確実に捉えられます。今後は、そうした分散戦略の構築が当たり前になるでしょう。

大きくいえば、中国を中心にしたブロック経済、欧州のブロック経済、そして米国のブロック経済。この三極に分かれます。日本は地政学的にも中国ブロックの中に入ることになる。

完成品メーカーにとっては、部品メーカーの孫請けまではコントロールが利かない。海外まで連れて行くこともできない。ならば、ある程度リスクを取っても、部品生産に取り組むことが必要になります。一方、孫請けのほうも、後継者がいる会社は少ないので、廃業が進むでしょう。つまり一次、二次はつながりますが、三次以下は切れると思います。

欧米のサプライチェーンを見ても、三次まではつながっていません。もちろん、専門技術を持った中小工場は欧米にもたくさんあります。しかし、歯車やばねはメーカーが作っています。日本は明治維新以降、産業振興で部品工場を育ててきました。国民の気質なのか下請けで我慢する人も多い。

けれど、これからは一次部品メーカーや完成品メーカーにおける内製化が進み、ニューノーマル時代には、下請け企業はかなり廃業が進むと見ています。

では、三次以下の下請け工場はどうすればいいか。アイリスオーヤマと同じように自社製品を作ることから始めてください。

大山ブロー工業所は、最初に書いたように孫請けでした。そこから養殖用のブイを作り、脱下請けを図ったのです。その後のことは本書で見ていただいた通りです。私にできて、皆さんにできないわけがない。

一次メーカー、完成品メーカーではロボットによる自動生産が加速するでしょう。その場合、専用機を購入していたら割に合わないかもしれない。いろいろな部品を作ることができるように、自動化ラインの専門家の確保と育成が喫緊の課題です。

倉庫の自動化も避けては通れない。生産から出荷までをいかに自動化していくか。その仕組みを構築することが、ニューノーマル時代の経営の重要なテーマになります。

効率をどの次元で見るか

「選択と集中」は、ニューノーマル時代には合わないことが理解できたでしょうか。国内外から安く作ってくれる下請けを探し、そこに丸投げすればいい時代は終わったのです。それは目先の効率を高めるかもしれませんが、あまりにもリスキーです。

これから起きるのは、自前主義への揺り戻しです。そして、ネット通販で十分な利益を出すには、品ぞろえを強化し、物流体制を整備しなければならない。それは、自社の強みにこだわっていればいいという経営とは対立するものです。

選択と集中はリストラを正当化するなど、経営陣には都合のよいものでしたが、あくまで短期的な利益を出す経営にすぎず、ひとたび環境が変化すると脆弱でした。

本書を通して、私が最も言いたいことは、経営の効率をどの次元で見るか、ということです。目先の効率ではなく、本質的な効率は何か。ニューノーマル時代の経営では、そのことがますます避けては通れない「大命題」として俎上に上がるでしょう。

このようにニューノーマル時代を勝ち抜くには「改革」が必要です。求められるのは、過去の根拠に基づいて考える人ではなく、未来のあるべき姿に基づいて考えることができる人です。いかなる時代環境でも利益を出す仕組みづくりには、起業家精神を持つ改革者が必要なのです。本書を締めくくるにあたり、メンタリティーの観点を整理します。

アイリスオーヤマの企業理念は次の5つです。

1. 会社の目的は永遠に存続すること。いかなる時代環境においても利益の出せる仕組みを確立すること。
2. 健全な成長を続けることにより社会貢献し、利益の還元と循環を図る。
3. 働く社員にとって良い会社を目指し、会社が良くなると社員が良くなり、社員が良くなると会社が良くなる仕組みづくり。
4. 顧客の創造なくして企業の発展はない。生活提案型企業として市場を創造する。
5. 常に高い志を持ち、常に未完成であることを認識し、革新成長する生命力に満ちた組織体をつくる。

本書では、企業理念の1番目にある「いかなる時代環境においても利益の出せる仕組み」を深く掘り下げてきたわけですが、2、3、4は1を実現するための考え方として、折に触れて説明してきました。そして1から4は、いずれも「仕組み」です。これらの仕組みの土台になるのが、第5条の「常に高い志を持つ」ことです。それは起業家精神とほぼイコールです。

起業家精神の核を成す「構想力」

私は、起業家精神には4つの資質が必要だと考えています。

1つ目は「構想力」。端的に言えば、どんな会社をつくるか。何を目的に、どのような事業で世の中に貢献するのかを考える力です。

2つ目は「説得力」。事業の構想を社員と共有し、巻き込むために必要な力です。話し方が上手か、下手かは関係ありません。トップとして一生懸命に走り、範を示せば周囲は付いてきてくれます。

3つ目は「実践力」。考えるだけなら、学者でもできる。起業家に必要なのは実践です。口で言うだけでは経営はできません。

4つ目は「結果責任」。事業を始めたら、会社のあらゆる物事はトップの責任になる。責任を取り切る覚悟があるかどうか。

これら4つの条件の中で最も重要で、あらゆる資質のベースになるのが、構想力です。そしてこれが「高い志」にも関わってくるのです。

構想力とは「どんな会社をつくるか」だと言いました。ここで大切なのは「何を扱う会社か」ではなく、「何が目的の会社か」という視点です。

起業家の中には、「金儲けがしたい」「人の役に立ちたい」といったことを目的にする人がいます。私も最初は家族を養うためでした。ただ、それでは構想とは呼べません。願望にすぎないのです。

願望を持つことは否定しませんが、願望のレベルにとどまっている限り、会社を発展させられません。なぜなら、事業は1人ではできないからです。共に喜び、共に涙を流す仲間を最初は1人でも2人でもいいから持つ。それによって企業は走り出します。そうした仲間を得るためには、「この人に付いていこう」と思ってもらわなければならない。

自分の金儲けが目的というトップには、誰も協力しません。だから起業家には、自己の利益に根差した願望ではなく、市場に何を提供し、社員と共にどう成長し、社会に貢献するかという構想が必要なのです。

結婚している男性の皆さんは、かつて奥さんの心に火をつけたから、婚約に至ったはずです。自分の幸せだけを求める男と結婚してくれる女性などいないでしょう。社員に惚れられるようなリーダーでないと、経営者は務まらないと思います。ビジネスモデルがどんなに秀逸でも、それだけでは会社は経営できないのです。

構想と空想の違いは、使命感の有無

構想は空想とも違います。本を読んだり、人の話を聞いたりして「こんな事業が儲かりそうだ」と考えるのは空想です。

一方の構想は、生活や仕事などの人生経験を通じ「こんな会社をつくらなければ」と、起業家の体内から湧き出るものです。大人になってからの体験はもちろん、子供の頃の出来事が関係することもあります。

実体験に基づかない空想は「こんな会社ができればいいな」という机上の空論にすぎないので、事業にかけるエネルギーも弱い。これに対し、自身の生きざまと結びついた構想は「こんな会社をつくらなければいけない」という使命感を帯びるのです。そのエネルギーの強さが、仲間を集める説得力にもつながります。

多くの起業家は「この製品で儲けている人がいる。よし、俺も」と安易に事業化する。それでは周囲の共感を得られません。また、安易に起業すると粘りがない。環境が変化し、その製品が売れなくなったとき、早々に音を上げてしまう。経営は山と谷の連続ですから、「絶対に生き延びてみせる」と踏みとどまることができない起業家は無理です。

「うちの会社には歴史があり、いい得意先があり、独自技術もある。構想力などというややこしいものは関係ない」という人もいるでしょう。確かに、独自技術があれば、特定の業界では優位に立てるかもしれません。しかしその業界がいつまでも安泰であるという保証はない。

だから「何を扱う会社か」でなく、「何が目的の会社か」なのです。

会社を発展させるにしても、環境変化に負けない会社をつくるにしても、「誰のために、どんな事業をするのか」という構想力が問われます。

私の場合、オイルショック後に経営者としての自分を猛省する中で、生活者のために、その不満を解消する事業を展開するという方針を明確にしました。そこから園芸用品やペット用品、クリア収納用品が出てきたのです。家電やコメを作るなど事業領域をどんどん広げているので「アイリスオーヤマの本業は何なのか」と尋ねてくる人がいますが、私たちの中では「生活提案型企業」という軸で首尾一貫しています。

このように考えてみると、起業家には「本質的に考える」という作業がとても大切だと分かります。本質的に考えるという意味では、避けて通ることができないのが「そもそも企業とは何のか」という問いです。

皆さんなら、この問いにどう答えますか。

私は、企業とは第一に「企業理念を共有している組織」だと捉えています。単に人が集まっているだけの集合体でなく、ある使命を共有した組織。家族とも学校とも違います。

企業が企業である理由を突き詰めれば、それは理念の共有なのです。たとえ社員が1人でも、一心同体になるためには、明確な言葉で示された理念が不可欠。私の場合も企業理念を明確にしたから、会社を再生できました。

第二に、「非効率な作業や仕組みを、効率的な事業や取引に変えること」。今あるマーケット、今あるこの製品、今ある仕組みが完璧なものであれば、新規参入する必要はありません。しかし現実には、この世に完璧なものなどなく、非効率な作業や無駄な仕組みだらけなのです。それを効率的にすれば、ユーザーが喜びます。目先の利益を追ってコストダウンしてばかりで、他社でも代替が利く製品しか作っていない。そんな企業に永続性はありません。自社にしかできない事業を見つけ、そこに切り込むのです。

アイリスの炊飯器はよく売れています。価格は3万円です。他社は同等の機能で10万円もする。勝負は火を見るより明らかです。他社とは製造方法や流通方法が異なるからです。

日本企業は既存製品をブラッシュアップすることは得意でも、仕組みを変えるのは苦手です。アイリスは生活者のための企業を目指してきました。だから、自社で問屋機能を抱えるメーカーベンダーという業態も確立できた。業界の慣習や過去の常識に縛られず、ユーザーにとってベストな経営は何か。ユーザーイン経営で本質を突いたことで、会社は発展しました。

第三に、「経営資源の集合体を社会の変化に対応させること」です。

企業の構成要素は、資本、人材、技術、ブランドなどです。これらを社会の変化に対応させるのです。資本についてはトップの判断で移動できても、社員の意識を変えたり、先を見通して技術を育てたりするのは容易ではありません。集合体をどう動かすか。ややもすると、企業規模が大きくなり、組織が複雑になると、組織の理論が優先しがちです。ここに経営の難しさと醍醐味があるのです。

「できるかできないか」の勝負

経営の現場では毎日いろいろな判断を迫られますが、このように本質的に考えるようにすれば、間違うことはまずありません。あとは動くかどうかです。

欧米にキャッチアップしようとしていた頃の日本であれば、詰め込み型の知識教育にも意味はありました。方向性は欧米企業が示しており、そこにどれだけ効率的に近づけるかが日本企業に求められていたからです。リスクの所在を知り、失敗の確率を下げることで企業は成長した。しかし、今の時代にその教育は合っていません。知っているか知っていないかではなく、できるかできないかが問われます。

イニシアチブ（主体性）とマネジメントは別物です。

リーダーがビジョンを示し、確固たる意志を持って、周囲を率先して行動するのが、イニシアチブ。一方のマネジメントは、与えられた環境下でアウトプットを最大化するため、組織や部下を機能的に動かすスキルです。これまでのトップにはマネジメントスキルが求められましたが、これからはイニシアチブが要る。

イニシアチブのベースになるのが、「こんな会社をつくりたい」という強い構想力です。社員にロマンを語ることも大切です。マネジメントとは質が異なるのです。マネジメントは優秀な部下に任せられますが、イニシアチブはトップにしか務まりません。

この違いを理解していない経営者がとても多い。マネジメントでは、イノベーションは起こせない。起業家精神に必要なのはイニシアチブです。自分の考えをきちんと持ち、主体的にそれを社会に、また社員に伝える。そして自ら実践し、結果責任を取るのです。

ぜひ皆さんも、自分で「こんな会社をつくりたい」という志をしっかり定め、イニシアチブを持ち、組織を引っ張ってください。

他人の目や過去の常識はあまり気にしないほうがいいと思います。

業界の慣習を守ることは必要ですか。今いる市場にこだわりすぎていませんか。納入先の顔色ばかりをうかがい、その先の消費者から目を背けていませんか。誰のために何をしていくのか、いま一度考えてみてはどうでしょうか。

父が急死して、19歳で社長になった私は、眼前にそびえる大きな壁を手探りで乗り越えるしかありませんでしたが、その分、真っ白なキャンバスに自らの手で自由自在に絵を描けました。あの頃は苦しかったけれど、今から振り返れば、恵まれていたと思います。しかし、これで完成ではありません。この世の物事はすべて未完成です。完成したと思った時点で衰退に向かうのです。売上高や利益がどんなに増えても、それはプロセスにすぎません。

アイリスはこれからも前に進みます。

そして、自らの意志で前に進むあなたのことも、私は全力で応援しています。

文庫版あとがき

本書の初版は新型コロナウイルスが猛威を振るうさなかの2020年9月に発行、版を重ねた後、今般、文庫版となりました。その間、社会環境は大きく変化しました。ウイズ・コロナからアフター・コロナへの移行、ロシアとウクライナ、イスラエルとパレスチナの紛争、ＡＩ（人工知能）技術の革新、気候変動への対応など、これでもかというほどに政治・経済・社会の枠組みを動かす出来事が次々に起きています。

アイリスグループは売上高を2021年度に8100億円まで伸ばしましたが、巣ごもり消費の反動で2022年度は7900億円、2023年度は7540億円と2年連続で前年比マイナスになりました。大山晃弘社長の下、飲料水やパックごはんなどの食品事業の強化、ロボットなどの新規事業のほか、ＡＩを活用した業務革新にも取り組んでおり、2024年度は売上高が再び上昇に転じる計画です。

本格的な人口減少時代に突入した日本では、どんな市場でもあっという間に縮むことが、これからは今まで以上に当たり前に起きるでしょう。景気が良いときは業績が伸び、景気が悪いときは業績が落ちる。そうした景気連動型の経営では、生き残れないのです。ニューノーマル時代の新しい経営とは何か。私たちは経営の本質を捉え直すことが必要だと、私自身改めて感じています。そして、時代環境に合った新事業を立ち上げる経営者、ベンチャービジネスを興す起業家を輩出していかなければなりません。

私は19歳で経営者となりました。

経営者としてのスタート時は、いかに売り上げを伸ばし、利益を出すかだけを考え、日夜、新製品開発に没頭していました。そして新製品開発で売り上げを上げた結果、利益が出ました。仕組みやマネジメントよりも、営業優先の経営。すなわち、B／S（貸借対照表）より、P／L（損益計算書）を重視した経営を優先しました。

20代で、第一次産業の盛んな宮城県に新工場を立ち上げました。オイルショックのときもシェア第一主義の経営を進めた結果、オイルショックのリバウンドで倒産寸前にまで追い込まれ、市場経済の厳しさによって、まさに死ぬ思いをしました。

自社の強みを生かした経営を優先することは、想定外の環境変化にはダメージが大きいことを学びました。

常に、想定外は起きる。

そのときに赤字を出さないためには、何をしなければならないか。

好不況の波に左右されにくい市場創造型のビジネスモデルを確立すべく、私はものづくり中心の組織づくりから、マーケティング中心の組織づくりへと経営を変えていったのです。「企業とは生活者を豊かにするためにある」との信念で、企業経営の本質を多面的に捉え、マネジメントの仕組みを毎月、毎月、ブラッシュアップし続けてきました。すべてがオリジナルでした。

企業理念の第1条は、「会社の目的は永遠に存続すること。いかなる時代環境においても利益の出せる仕組みを確立すること」と制定。好況のときばかり儲けるのではなく、不況のときでも利益を出し続けるという強い意志を込めています。

私の経営が唯一の正解だとは全く思っていません。今現在の「仮説」にすぎません。環境変化によって経営も進化してしかるべきです。

しかし断言できるのは、金融資本主義のように、あまりにも目先の効率を考えることは時代にそぐわなくなったということです。コロナ下のマスク供給にしても、あれほど国民が求めていたなら、それをすぐに提供するのが企業の役割です。それができなかったのはなぜかという点に、効率論の限界が見て取れます。

経営者としての私がしてきたことは、決して難しいことではありません。製品開発に自ら参加して、「本当にお客様の満足という視点に立った製品作りができているか」をつぶさに、誰よりも厳しく見てきました。担当者がいくら優れた製品だと主張しても、私は必ず「おまえの嫁さんなら、この製品を買うか」と聞きます。それで返事に困るような製品は、市場に出しても十分な満足感が得られる製品ではないからです。「新しい価値を創造して、潜在的なニーズに応えるからこそ、利幅が確保できる。それができない製品は提案するな」と社員に言い続けています。

多くの経営者はこんなとき、「他社と比較してどうか」という物差しで評価しがちです。目先の効率を追求するなら、その質問は正しいでしょう。しかしそれでは、これからの厳しい時代に売れる製品は作れません。

このような時代の大きな変わり目だからこそ、お客様が今どんな不満を持っているかを常に考えるべきです。そうすれば、新しいヒット商品の鉱脈を必ず発見できます。

これからのアイリスオーヤマは、国内外でこれまで以上に幅広く事業を展開していくことになるでしょう。国内では、例えば企業向けのＢｔｏＢの市場に注力しています。

法人向けのＬＥＤ照明は、オフィス、商業施設、公共施設、工場などでたくさん使われています。照明以外にも、建築用の床材・壁材、店舗用の什器、ＡＩ（人工知能）カメラ、スポーツスタジアムの人工芝や観客席、といったものまで手掛けています。アイリスのロボットが、レストランでの配膳やオフィスの清掃に活躍する姿を目にした方もいるかもしれません。それらはいずれも、生活者向けの製品で培った製造ノウハウを活用したものです。

売り先は法人になっても、経営の根幹はユーザーインのダイレクトマーケティング。消費者向けの生活用品で培ったマネジメント手法で、どこまで事業を展開できるかが楽しみです。

また、グローバル展開では、台湾、そして東南アジアにも積極的に拠点を出し始めています。２０１８年にベトナム、２０２０年にはタイに現地法人を設立しました。東南アジアは日本の生活様式に近いため、特に家電製品のビジネスチャンスが大きいと見ています。またパックごはんは海外でも販売します。旅行で来日した外国人の多くが日本のご飯のおいしさに感動しますが、日本で買って帰った日本のコメを日本の炊飯器で炊いても、水質が違うから日本で食べたご飯を再現するのは難しい。硬水の国ではまるで違う味になります。パックごはんなら、電子レンジで温めるだけですから、どこの国でも日本のご飯が食べられます。

グローバル時代においても、アイリスの経営手法がどこまで有効か。いかなる時代環境でも利益を出すため、今後もマネジメントの仮説と検証を繰り返していきます。

本書は月刊経営誌「日経トップリーダー」での連載記事などを核にし、そこに大幅な肉付けをして一冊にまとめました。冒頭に書いたように、アイリスの成功物語ではなく、ユーザーである読者の皆さんの視点から、アイリスの経営の全体像をまとめたつもりです。

私のやり方を押しつけるつもりはありませんし、アイリスの経営をそのままコピーしても機能しないと思います。最適な経営は個々の会社の歴史、風土などによって違うからです。

私は高校時代、たくさんの映画を見ました。ちょうど時代はヌーベルバーグでした。商業主義に反旗を翻し、ヨーロッパの自由な発想で作られた映画は、とても刺激的でした。人の内面をえぐり出すような映画は、自分の生き方を考えるきっかけにもなりました。

そんな中、19歳で経営者の道に入った私は、常に自分自身の内面と向き合ってきました。

どうすれば自分が納得できるか。そのためには何をすべきか。

「なぜ」「どうして」「どうすれば」と常に考え続けました。

あの頃は高度経済成長期でしたから、世の中の流れに身を任せていれば、食べる分には何とかなったでしょう。けれど、私はもっと主体的に人生を歩みたかった。

一人の人間としてどのように生きれば、この社会と本当の意味でつながることができるのかを、常に自分に問いかけていたような気がします。

だからこそ、自分たちが作ったものでお客様に喜んでもらいたいと思った。社員には、「この会社で働いて、やりがいのある人生が送れた」と思ってほしいと心底願った。アイリスオーヤマは、生活者を豊かにする会社でありたい。そして、私にとっても社員にとっても、有意義な人生を送れる場所にしたい。

ニューノーマル時代はどんな世界になるのか、誰も正解は分かりません。でも、いかなる時代環境であっても可能性に満ちています。どのように経営すれば、社会に、社員に喜ばれるのか。そして経営者である自分も楽しいのか。ぜひ、皆さんもご自身で考えてください。

ビッグチェンジがビッグチャンスといえる企業経営を目指しましょう。

2024年3月　大山健太郎

本書は2020年9月に日経BPから刊行した同名書を再編集し、文庫化しました。
編集：北方 雅人（日経BP）
協力：中嶋 宏昭（アイリスオーヤマ）

日経ビジネス人文庫

いかなる時代環境《じだいかんきょう》でも
利益《りえき》を出《だ》す仕組《しく》み

2024年 4 月 1 日 第1刷発行
2024年10月17日 第3刷

著者
大山健太郎
おおやま・けんたろう

発行者
中川ヒロミ

発行
株式会社日経BP
日本経済新聞出版

発売
株式会社日経BPマーケティング
〒105-8308 東京都港区虎ノ門4-3-12

ブックデザイン
エステム（川瀬達郎）

本文DTP
マーリンクレイン

印刷・製本
中央精版印刷

Printed in Japan ISBN978-4-296-12015-4